————————经 典 文 集

季羡林经典文集

# 季羡林谈人生——

季羡林 / 著

北方联合出版传媒（集团）股份有限公司

万卷出版公司

2017年·沈阳

ⓒ 季羡林 2015

**图书在版编目（ＣＩＰ）数据**

季羡林谈人生 / 季羡林著. — 沈阳 : 万卷出版公
司，2015.3（2017.11重印）

（季羡林经典文集 / 巫晓燕主编）

ISBN 978-7-5470-3395-1

Ⅰ.①季… Ⅱ.①季… Ⅲ.①人生哲学－通俗读物
Ⅳ.①B821-49

中国版本图书馆CIP数据核字(2014)第249368号


出版发行：北方联合出版传媒（集团）股份有限公司
　　　　　万卷出版公司
　　　　　（地址：沈阳市和平区十一纬路25号　邮编：110003）
印　刷　者：沈阳绿洲印刷有限公司
经　销　者：全国新华书店
幅面尺寸：145mm×210mm
字　　数：250千字
印　　张：11
出版时间：2015年3月第1版
印刷时间：2017年7月第4次印刷
责任编辑：张雪娇
封面设计：任展志
版式设计：任展志
责任校对：彭力胜
ISBN 978-7-5470-3395-1
定　　价：34.80元


联系电话：024-23284090
邮购热线：024-23284050
传　　真：024-23284521
Ｅ－ｍａｉｌ：vpc_tougao@163.com
腾讯微博：http://t.qq.com/wjcbgs

# 目　录

## 季羡林谈人生

# 季羡林忆师友

# 季羡林谈人生

每个人都争取一个完满的人生。然而，自古及今，海内海外，一个百分之百完满的人生是没有的。所以我说，不完满才是人生。

# 人生

在一个"人生漫谈"的专栏中，首先谈一谈人生，似乎是理所当然的，未可厚非的。

而且我认为，对于我来说，这个题目也并不难写。我已经到了望九之年，在人生中已经滚了八十多个春秋了。一天天面对人生，时时刻刻面对人生，让我这样一个世故老人来谈人生，还有什么困难呢？岂不是易如反掌吗？

但是，稍微进一步一琢磨，立即出了疑问：什么叫人生呢？我并不清楚。

不但我不清楚，我看芸芸众生中也没有哪一个人真清楚的。古今中外的哲学家谈人生者众矣。什么人生意义，又是什么人生的价值，花样繁多，扑朔迷离，令人眼花缭乱；然而他们说了些什么呢？恐怕连他们自己也是越谈越糊涂。以己之昏昏，焉能使人昭昭！

哲学家的哲学，至矣高矣。但是，恕我大不敬，他们的哲学同吾辈凡人不搭界，让这些哲学，连同它们的"家"，坐在神圣的殿堂里去独现辉煌吧！像我这样一个凡人，吃饱了饭没事儿的时候，有时也会想到人生问题。我觉得，我们"人"的"生"，都绝对是被动的。没有哪一个人能先制订一个诞生计划，然后再下生，一步步让计划实现。只有一个人是例外，他就是佛祖释迦牟尼。他住在天上，忽然想降生人寰，超度众生。先考虑要降生的国家，再考虑要降生的父母。考虑周详之后，才从容下降。但他是佛祖，不是吾辈凡人。

吾辈凡人的诞生，无一例外，都是被动的，一点儿主动也没有。我们糊里糊涂地降生，糊里糊涂地成长，有时也会糊里糊涂地夭折，当然也会糊里糊涂地寿登耄耋，像我这样。

生的对立面是死。对于死，我们也基本上是被动的。我们只有那么一点儿主动权，那就是自杀。但是，这点儿主动权却是不能随便使用的。除非万不得已，是绝不能使用的。

我在上面讲了那么些被动，那么些糊里糊涂，是不是我个人真正欣赏这一套，赞扬这一套呢？否，否，我决不欣赏和赞扬。我只是说了一点实话而已。

正相反，我倒是觉得，我们在被动中，在糊里糊涂中，还是能够有所作为的。我劝人们不妨在吃饱了燕窝鱼翅之后，或者在吃糠咽菜之后，或者在卡拉 OK、高尔夫之后，问一问自己：你为什么活着？活着难道就是为了恣睢的享受吗？难道就是为了忍饥受寒吗？问了这些简单的问题之后，会使你头脑清醒一点，会减少一些糊涂。谓予不信，请尝试之。

1996 年 11 月 9 日

# 再谈人生

人生这样一个变化莫测的万花筒，用千把字来谈，是谈不清楚的。所以来一个"再谈"。

这一回我想集中谈一下人性的问题。

大家知道，中国哲学史上，有一个不大不小的争论问题：人是性善，还是性恶？这两个提法都源于儒家。孟子主性善，而荀子主性恶。争论了几千年，也没有争论出一个名堂来。

记得鲁迅先生说过："人的本性是，一要生存，二要温饱，三要发展。"（记错了，由我负责）这同中国古代一句有名的话，精神完全是一致的："食色，性也。"食是为了解决生存和温饱的问题，色是为了解决发展问题，也就是所谓传宗接代。

我看，这不仅仅是人的本性，而且是一切动植物的本性。试放眼观看大千世界，林林总总，哪一个动植物不具备上述三个本能？动物姑且不谈，只拿距离人类更远的植物来说，"桃李无言"，它们不但不能行动，连发声也发不出来。然而，它们求生存和发展的欲望，却表现得淋漓尽致。桃李等结甜果子的植物，为什么结甜果子呢？无非是想让人和其他能行动的动物吃了甜果子把核带到远的或近的其他地方，落在地上，生入土中，能发芽、开花、结果，达到发展，即传宗接代的目的。

你再观察，一棵小草或其他植物，生在石头缝中，或者甚至压在石头块下，缺水少光，但是它们却以令人震惊得目瞪口呆的毅力，冲破了身上的重压，弯弯曲曲地、忍辱负重地长了出来，由细弱变为强硬，由一根细苗甚至变成一棵大树，再作为一个独立体，继续顽强地实现那三种本性。"下自成蹊"，就是"无言"的结果吧。

你还可以观察，世界上任何动植物，如果放纵地任其发挥自己的本性，则在不太长的时间内，哪一种动植物也能长满、塞满我们生存的这一个小小的星球。那些已绝种或现在濒临绝种的动植物，属于另一个范畴，另有其原因，我以后还会谈到。

那么，为什么到现在还没有哪一种动植物——包括万物之灵的人类在内——能塞满了地球呢？

在这里，我要引老子的话："天地不仁，以万物为刍狗。"是造化小儿——谁也不知道，他究竟有没有？他究竟是什么样子？我不信什么上帝，什么天老爷，什么大梵天，宇宙间没有他们存在的地方。

但是，冥冥中似乎应该有这一类的东西，是他或它巧妙计算，不让动植物的本性光合得逞。

1996 年 11 月 12 日

# 三论人生

上一篇《再论》戛然而止，显然没有能把话说完，所以再来一篇《三论》。

造化小儿对禽兽和人类似乎有点区别对待的意思。它给你生存的本能，同时又遏制这种本能，方法或者手法颇多。制造一个对立面似乎就是手法之一，比如制造了老鼠，又制造它的天敌——猫。

对于人类，它似乎有点优待。它先赋予人类思想（动物有没有思想和言语是一个有争论的问题），又赋予人类良知良能。关于人类本性，我在上面已经谈到。我不大相信什么良知，什么"恻隐之心，人皆有之"；但是我又无从反驳。古人说："人之所以异于禽兽者几希。""几希"者，极少极少之谓也。即使是极少极少，总还是有的。我个人胡思乱想，我觉得，在对待生物的生存、温饱、发展的本能的态度上，就存在着一点点"几希"。

我们观察，老虎、狮子等猛兽，饿了就要吃别的动物，包括人在内。它们绝没有什么恻隐之心，绝没有什么良知。吃的时候，它们也绝不会像人吃人的时候那样，有时还会捏造一些我必须吃你的道理，做好"思想工作"。它们只是吃开了，吃饱为止。人类则有所不同。人与人当然也不会完全一样。有的人确实能够遏制自己的求生本能，表现出一定的良知和一定的恻隐之心。古往今来的许多仁人志士，都是这方面的好榜样。他们为什么能为国捐躯？为什么能为了救别人而牺牲自己的性命？鲁迅先生所说的"中国的脊梁"，就是这样的人。孟子所谓的"浩然之气"，只有这样的人能有。禽兽中是绝不会有什么"脊梁"，有什么"浩然之气"的，这就叫作"几希"。

但是人也不能一概而论，有的人能够做到，有的人就做不到。像曹操说："宁教我负天下人，休教天下人负我！"他怎能做到这一步呢？

说到这里，就涉及伦理道德问题。我没有研究过伦理学，不知道怎样给道德下定义。我认为，能为国家，为人民，为他人着想而遏制自己的本性的，就是有道德的人。能够百分之六十为他人着想，百分之四十为自己着想，他就是一个及格的好人。为他人着想的百分比越高越好，道德水平越高。百分之百，所谓"毫不利己，专门利人"的人是绝无仅有。反之，为自己着想而不为他人着想的百分比，越高越坏。到了曹操那样，就算是坏到了顶。毫不利人、专门利己的人，普天之下倒是不老少的。说这话，有点泄气。无奈这是事实，我有什么办法？

1996 年 11 月 13 日

# 人生的意义与价值

当我还是一个青年大学生的时候，报刊上曾刮起一阵讨论人生的意义与价值的微风，文章写了一些，议论也发表了一通。我看过一些文章，但自己并没有参加进去。原因是，有的文章不知所云，我看不懂。更重要的是，我认为这种讨论本身就无意义、无价值，不如实实在在地干几件事好。

时光流逝，一转眼，自己已经到了望九之年，活得远远超过了我的预算。有人认为长寿是福，我看也不尽然。人活得太久了，对人生的种种相，众生的种种相，看得透透彻彻，反而鼓舞时少，叹息时多。远不如早一点离开人世这个是非之地，落一个耳根清净。

那么，长寿就一点儿好处都没有吗？也不是的。这对了解人生的意义与价值，会有一些好处的。

根据我个人的观察，对世界上绝大多数人来说，人生一无意义，二无价值。他们也从来不考虑这样的哲学问题。走运时，手里攥满了钞票，白天两顿美食城，晚上一趟卡拉OK，玩一点儿小权术，耍一点儿小聪明，甚至恣睢骄横，飞扬跋扈，昏昏沉沉，浑浑噩噩，等到钻入了骨灰盒，也不明白自己为什么活过一生。

其中不走运的则穷困潦倒，终日为衣食奔波，愁眉苦脸，长吁短叹。即使日子还能过得去的，不愁衣食，能够温饱，然而也终日忙忙碌碌，被困于名缰，被缚于利索。同样是昏昏沉沉，浑浑噩噩，不知道为什么活过一生。

对这样的芸芸众生，人生的意义与价值从何处谈起呢？

我自己也属于芸芸众生之列，也难免浑浑噩噩，并不比任何人高一丝一毫。如果想勉强找一点区别的话，那也是有的：我，当然还有一些别的人，对人生有一些想法，动过一点儿脑筋，而且自认这些想法是有点道理的。

我有些什么想法呢？话要说得远一点儿。当今世界上战火纷飞，人欲横流，"黄钟毁弃，瓦釜雷鸣"，是一个十分不安定的时代。但是，对于人类的前途，我始终是一个乐观主义者。我相信，不管还要经过多少艰难曲折，不管还要经历多少时间，人类总会越变越好的，人类大同之域绝不会仅仅是一个空洞的理想。但是，想要达到这个目的，必须经过无数代人的共同努力。有如接力赛，每一代人都有自己的一段路程要跑。又如一条链子，是由许多环组成的，每一环从本身来看，只不过是微不足道的一点东西；但是没有这一点东西，链子就组不成。在人类社会发展的长河中，我们每一代人都有自己的任务，而且是绝非可有可无的。如果说人生有意义与价值的话，其意义与价值就在这里。

但是，这个道理在人类社会中只有少数有识之士才能理解。鲁迅先生所称之"中国的脊梁"，指的就是这种人。对于那些肚子里吃满了肯德基、麦当劳、比萨饼，到头来终不过是浑浑噩噩的人来说，有如夏虫不足以与之语冰，这些道理是没法谈的。他们无法理解自己对人类发展所应当承担的责任。

话说到这里，我想把上面说的意思简短扼要地归纳一下：如果人生真有意义与价值的话，其意义与价值就在于对人类发展的承上启下、承前启后的责任感。

1995 年

# 不完满才是人生

　　每个人都争取一个完满的人生。然而，自古及今，海内海外，一个百分之百完满的人生是没有的。所以我说，不完满才是人生。

　　关于这一点，古今的民间谚语，文人诗句，说到的很多很多。最常见的比如苏东坡的词："人有悲欢离合，月有阴晴圆缺，此事古难全。"南宋方岳（根据吴小如先生考证）诗句："不如意事常八九，可与人言无二三。"这都是我们时常引用的，脍炙人口的。类似的例子还能够举出成百上千来。

　　这种说法适用于一切人，旧社会的皇帝老爷子也包括在里面。他们君临天下，"率土之滨，莫非王土"，可以为所欲为，杀人灭族，小事一端，按理说，他们不应该有什么不如意的事。然而，实际上，王位继承，宫廷斗争，比民间残酷万倍。他们威仪俨然地坐在宝座上，如坐针毡。虽然捏造了"龙御上宾"这种神话，他们自己也并不相信。他们想方设法以求得长生不老，他们最怕"一旦魂断，宫车晚出"。连英主如汉武帝、唐太宗之辈也不能"免俗"。汉武帝造承露金盘，妄想饮仙露以长生；唐太宗服印度婆罗门的灵药，期望借此以不死。结果，事与愿违，仍然是"龙御上宾"呜呼哀哉了。

在这些皇帝手下的大臣们，"一人之下，万人之上"，权力极大，骄纵恣肆，贪赃枉法，无所不至。在这一类人中，好东西大概极少，否则包公和海瑞等绝不会流芳千古，久垂宇宙了。可这些人到了皇帝跟前，只是一个奴才，常言道：伴君如伴虎，可见他们的日子并不好过。据说明朝的大臣上朝时在笏板上夹带一点鹤顶红，一旦皇恩浩荡，钦赐极刑，连忙用舌尖舔一点鹤顶红，立即涅槃，落得一个全尸。可见这一批人的日子也并不好过，谈不到什么完满的人生。

至于我辈平头老百姓，日子就更难过了。新中国成立前后，不能说没有区别，可是一直到今天仍然是"不如意事常八九"。早晨在早市上被小贩"宰"了一刀；在公共汽车上被扒手割了包，踩了人一下，或者被人踩了一下，根本不会说"对不起"了，代之以对骂，或者甚至演出全武行。到了商店，难免买到假冒伪劣的商品，又得生一肚子气，谁能说，我们的人生多是完满的呢？

再说到我们这一批手无缚鸡之力的知识分子，在历史上一生中就难得过上几天好日子。只一个"考"字，就能让你谈"考"色变。"考"者，考试也。在旧社会科举时代，"千军万马独木桥"，要上进，只有科举一途，你只须读一读吴敬梓的《儒林外史》，就能淋漓尽致地了解到科举的情况。以周进和范进为代表的那一批举人进士，其窘态难道还不能让你胆战心惊、啼笑皆非吗？

现在我们运气好，得生于新社会中。然而那一个"考"字，宛如如来佛的手掌，你别想逃脱得了。幼儿园升小学，考；小学升初中，考；初中升高中，考；高中升大学，考；大学毕业想当硕士，考；硕士想当博士，考。考，考，考，变成烤，烤，烤；一直到知天命之年，厄运仍然难免，现代知识分子落到这一张密而不漏的天网中，无所逃于天地之间，我们的人生还谈什么完满呢？

灾难并不限于知识分子："人人有一本难念的经。"所以我说"不完满才是人生"。这是一个"平凡的真理"；但是真能了解其中的意义，对己对人都有好处。对己，可以不烦不躁；对人，可以互相谅解。这会大大地有利于整个社会的安定团结。

1998 年 8 月 20 日

# 世态炎凉

世态炎凉，古今所共有，中外所同然，是最稀松平常的事，用不着多伤脑筋。元曲《冻苏秦》中说："也素把世态炎凉心中暗忖。"《隋唐演义》中说："世态炎凉，古今如此。"不管是"暗忖"，还是明忖，反正你得承认这个"古今如此"的事实。

但是，对世态炎凉的感受或认识的程度，却是随年龄的大小和处境的不同而很不相同的，绝非大家都一模一样。我在这里发现了一条定理：年龄大小与处境坎坷同对世态炎凉的感受成正比。年龄越大，处境越坎坷，则对世态炎凉感受越深刻。反之，年龄越小，处境越顺利，则感受越肤浅。这是一条放诸四海而皆准的定理。

我已到望九之年，在八十多年的生命历程中，一波三折，好运与多舛相结合，坦途与坎坷相混杂，几度倒下，又几度爬起来，爬到今天这个地步，我可是真正参透了世态炎凉的玄机，尝够了世态炎凉的滋味。特别是"十年浩劫"中，我因为胆大包天，自己跳出来反对"北大"那一位炙手可热的"老佛爷"，被戴上了种种莫须有的帽子，被"打"成了反革命，遭受了极其残酷的至今回想起来还毛骨悚然的折磨。从牛棚里放出来以后，有长达几年的一段时间，我成了燕园中一个"不可接触者"。走在路上，我当年辉煌时对我低头弯腰毕恭毕敬的人，那时却视若路人，没有哪一个敢或肯跟我说一句话的。我也不习惯于抬头看人，同人说话。我这个人已经异化为"非人"。一天，我的孙子发烧到四十摄氏度，老祖和我用破自行车推着到校医院去急诊。一个女同事竟吃了老虎心豹子胆似的，帮我这个已经步履蹒跚的花甲老人推了推车。我当时感动得热泪盈眶，如吸甘露，如饮醍醐。这件事、这个人我毕生难忘。

雨过天晴，云开雾散，我不但"官"复原职，而且还加官晋爵，又开始了一段辉煌。原来是门可罗雀，现在又是宾客盈门。你若问我有什么想法没有，想法当然是有的，一个忽而上天堂，忽而下地狱，又忽而重上天堂的人，哪能没有想法呢？我想的是：世态炎凉，古今如此。任何一个人，包括我自己在内，以及任何一个生物，从本能上来看，总是趋吉避凶的。因此，我没怪罪任何人，包括打过我的人。我没有对任何人打击报复。并不是由于我度量特别大，能容天下难容之事，而是由于我洞明世事，又反求诸躬。假如我处在别人的地位上，我的行动不见得会比别人好。

1997 年

# 走运与倒霉

走运与倒霉，表面上看起来，似乎是绝对对立的两个概念。世人无不想走运，而决不想倒霉。

其实，这两件事是有密切联系的，互相依存的，互为因果的。说极端了，简直是一而二、二而一者也。这并不是我的发明创造。两千多年前的老子已经发现了，他说："祸兮福之所倚，福兮祸之所伏，孰知其极？其无正。"老子的"福"就是走运，他的"祸"就是倒霉。

走运有大小之别，倒霉也有大小之别，而二者往往是相通的。走的运越大，则倒的霉也越惨，二者之间成正比。中国有一句俗话说："爬得越高，跌得越重。"形象生动地说明了这种关系。

吾辈小民，过着平平常常的日子，天天忙着吃、喝、拉、撒、睡；操持着柴、米、油、盐、酱、醋、茶。有时候难免走点小运，有的是主动争取来的，有的是时来运转，好运从天上掉下来的。高兴之余，不过喝上二两二锅头，飘飘然一阵了事。但有时又难免倒点小霉，"闭门家中坐，祸从天上来"，没有人去争取倒霉的。倒霉以后，也不过心里郁闷几天，对老婆孩子发点小脾气，转瞬就过去了。

但是，历史上和眼前的那些大人物和大款们，他们一身系天下安危，或者系一个地区、一个行当的安危。他们得意时，比如打了一个大胜仗，或者倒卖房地产、炒股票，发了一笔大财，意气风发，踌躇满志，自以为天上天下，唯我独尊。"固一世之雄也"，怎二两二锅头了得！然而一旦失败，不是自刎乌江，就是从摩天高楼跳下，"而今安在哉！"

从历史上到现在，中国知识分子有一个"特色"，这在西方国家是找不到的。中国历代的诗人、文学家，不倒霉则走不了运。司马迁在《太史公自序》中说："昔西伯拘羑里，演《周易》；孔子厄陈蔡，作《春秋》；屈原放逐，著《离骚》；左丘失明，厥有《国语》；孙子膑脚，而论兵法；不韦迁蜀，世传《吕览》；韩非囚秦，《说难》《孤愤》；《诗》三百篇，大抵贤圣发愤之所为作也。"司马迁算的这个总账，后来并没有改变。汉以后所有的文学大家，都是在倒霉之后，才写出了震古烁今的杰作。像韩愈、苏轼、李清照、李后主等一批人，莫不皆然。从来没有过状元宰相成为大文学家的。

了解了这一番道理之后，有什么意义呢？我认为，意义是重大的。它能够让我们头脑清醒，理解祸福的辩证关系；走运时，要想到倒霉，不要得意过了头；倒霉时，要想到走运，不必垂头丧气。心态始终保持平衡，情绪始终保持稳定，此亦长寿之道也。

1998 年 11 月 2 日

# 缘分与命运

缘分与命运本来是两个词儿，都是我们口中常说，文中常写的。但是，仔细琢磨起来，这两个词儿含义极为接近，有时达到了难解难分的程度。

缘分和命运可信不可信呢？

我认为，不能全信，又不可不信。

我绝不是为算卦相面的"张铁嘴""王半仙"之流的骗子来张目。算八字算命那一套骗人的鬼话，只要一个异常简单的事实就能揭穿。试问普天之下——"番邦"暂且不算，因为老外那里没有这套玩意儿——同年、同月、同日、同时生的孩子有几万，几十万，他们一生的经历难道都能够绝对一样吗？绝对地不一样，倒近于事实。

可你为什么又说，缘分和命运不可不信呢？

我也举一个异常简单的事实。只要你把你最亲密的人，你的老伴——或者"小伴",这是我创造的一个名词儿,年轻的夫妻之谓也——同你自己相遇,一直到"有情人终成了眷属"的经过回想一下,便立即会同意我的意见。你们可能是一个生在天南,一个生在海北,中间经过了不知道多少偶然的机遇,有的机遇简直是间不容发,稍纵即逝,可终究没有错过,你们到底走到一起来了。即使是青梅竹马的关系,也同样有个"机遇"问题。这种"机遇"是报纸上的词儿,哲学上的术语是"偶然性",老百姓嘴里就叫作"缘分"或"命运"。这种情况,谁能否认,又谁能解释呢?没有办法,只好称之为缘分或命运。

北京西山深处有一座辽代古庙名叫"大觉寺"。此地有崇山峻岭,茂林流泉,有三百年的玉兰树,二百年的藤萝花,是一个绝妙的地方。将近二十年前,我骑自行车去过一次。当时古寺虽已破败,但仍给我留下了深刻的印象,至今忆念难忘。去年春末,北大中文系的毕业生欧阳旭邀我们到大觉寺去剪彩,原来他下海成了颇有基础的企业家。他毕竟是书生出身,念念不忘为文化做贡献。他在大觉寺里创办了一个明慧茶院,以弘扬中国的茶文化。我大喜过望,准时到了大觉寺。此时的大觉寺已完全焕然一新,雕梁画栋,金碧辉煌,玉兰已开过而紫藤尚开,品茗观茶道表演,心旷神怡,浑然欲忘我矣。

将近一年以来,我脑海中始终有一个疑团:这个英年岐嶷的小伙子怎么会到深山里来搞这么一个茶院呢?前几天,欧阳旭又邀我们到大觉寺去吃饭。坐在汽车上,我不禁向他提出了我的问题。他莞尔一笑,轻声说:"缘分!"原来在这之前他携伙伴郊游，黄昏迷路，撞到大觉寺里来。爱此地之清幽，便租了下来，加以装修，创办了明慧茶院。

此事虽小，可以见大。信缘分与不信缘分，对人的心情影响是不一样的。信者胜可以做到不骄，败可以做到不馁，绝不至胜则忘乎所以，败则怨天尤人。中国古话说："尽人事而听天命。"首先必须"尽人事"，否则馅儿饼绝不会自己从天上落到你嘴里来。但又必须"听天命"。人世间，波诡云谲，因果错综。只有做到"尽人事而听天命"，一个人才能永远保持心情的平衡。

1998 年 1 月 16 日

# 做人与处世

一个人活在世界上，必须处理好三个关系：第一，人与大自然的关系；第二，人与人的关系，包括家庭关系在内；第三，个人心中思想与感情矛盾与平衡的关系。这三个关系，如果能处理很好，生活就能愉快；否则，生活就有苦恼。

人本来也是属于大自然范畴的。但是，人自从变成了"万物之灵"以后，就同大自然闹起独立来，有时竟成了大自然的对立面。人类的衣食住行所有的资料都取自大自然，我们向大自然索取是不可避免的。关键是怎样去索取。索取手段不出两途：一用和平手段，一用强制手段。我个人认为，东西文化之分野，就在这里。西方对待大自然的基本态度或指导思想是"征服自然"，用一句现成的套话来说，就是用处理敌我矛盾的方法来处理人与大自然的关系。结果呢，从表面上看上去，西方人是胜利了，大自然真的被他们征服了。自从西方产业革命以后，西方人屡创奇迹。楼上楼下，电灯电话。大至宇宙飞船，小至原子，无一不出自西方"征服者"之手。

然而，大自然的容忍是有限度的，它是能报复的，它是能惩罚的。报复或惩罚的结果，人皆见之，比如环境污染，生态失衡，臭氧层出洞，物种灭绝，人口爆炸，淡水资源匮乏，新疾病产生，如此等等，不一而足。这些弊端中哪一项不解决都能影响人类生存的前途。我并非危言耸听，现在全世界人民和政府都高呼环保，并采取措施。古人说："失之东隅，收之桑榆。"犹未为晚。

中国或者东方对待大自然的态度或哲学基础是"天人合一"。宋人张载说得最简明扼要："民吾同胞，物吾与也。""与"的意思是伙伴。我们把大自然看作伙伴。可惜我们的行为没能跟上。在某种程度上，也采取了"征服自然"的办法，结果也受到了大自然的报复，前不久南北的大洪水不是很能发人深省吗？

至于人与人的关系，我的想法是：对待一切善良的人，不管是家属，还是朋友，都应该有一个两字箴言：一曰真，二曰忍。真者，以真情实意相待，不允许弄虚作假。对待坏人，则另当别论。忍者，相互容忍也。日子久了，难免有点磕磕碰碰。在这时候，头脑清醒的一方应该能够容忍。如果双方都不冷静，必致因小失大，后果不堪设想。唐朝张公艺的"百忍"是历史上有名的例子。

至于个人心中思想感情的矛盾，则多半起于私心杂念。解之之方，唯有消灭私心，学习诸葛亮的"淡泊以明志，宁静以致远"，庶几近之。

1998 年 11 月 17 日

# 牵就与适应

牵就，也作"迁就"和"适应"，是我们说话和行文时常用的两个词儿。含义颇有些类似之处；但是，一仔细琢磨，二者间实有差别，而且是原则性的差别。

根据词典的解释，《现代汉语词典》注"牵就"为"迁就"和"牵强附会"。注"迁就"为"将就别人"，举的例子是："坚持原则，不能迁就。"注"将就"为"勉强适应不很满意的事物或环境"。举的例子是"衣服稍微小一点，你将就着穿吧！"注"适应"为"适合（客观条件或需要）"。举的例子是"适应环境"。"迁就"这个词儿，古书上也有，《辞源》注为"舍此取彼，委曲求合"。

我说，二者含义有类似之处，《现代汉语词典》注"将就"一词时就使用了"适应"一词。

词典的解释，虽然头绪颇有点乱；但是，归纳起来，"牵就

（迁就）"和"适应"这两个词儿的含义还是清楚的。"牵就"的宾语往往是不很令人愉快、令人满意的事情。在平常的情况下，这种事情本来是不能或者不想去做的。极而言之，有些事情甚至是违反原则的，违反做人的道德的，当然完全是不能去做的。但是，迫于自己无法掌握的形势；或者出于利己的私心；或者由于其他的什么原因，非做不行，有时候甚至昧着自己的良心，自己也会感到痛苦的。

根据我个人的语感，我觉得，"牵就"的根本含义就是这样，词典上并没有说清楚。

但是，又是根据我个人的语感，我觉得，"适应"同"牵就"是不相同的。我们每一个人都会经常使用"适应"这个词儿的。不过在大多数的情况下，我们都是习而不察。我手边有一本沈从文先生的《花花朵朵 坛坛罐罐》，汪曾祺先生的"代序：沈从文转业之谜"中有一段话说："一切终得变，沈先生是竭力想适应这种'变'的。"这种"变"，指的是解放。沈先生写信给人说："对于过去种种，得决心放弃，从新起始来学习。这个新的起始，并不一定即能配合当前需要，惟必能把握住一个进步原则来肯定，来完成，来促进。"沈从文先生这个"适应"，是以"进步原则"来适应新社会的。这个"适应"是困难的，但是正确的。我们很多人在解放初期都有类似的经验。

再拿来同"牵就"一比较，两个词儿的不同之处立即可见。"适应"的宾语，同"牵就"不一样，它是好的事物，进步的事物；即使开始时有点困难，也必能心悦诚服地予以克服。在我们的一生中，我们会经常不断地遇到必须"适应"的事务，"适应"成功，我们就有了"进步"。

简洁说：我们须"适应"，但不能"牵就"。

# 谦虚与虚伪

在伦理道德的范畴中，谦虚一向被认为是美德，应该扬。而虚伪则一向被认为是恶习，应该抑。

然而，究其实际，二者间有时并非泾渭分明，其区别间不容发。谦虚稍一过头，就会成为虚伪。我想，每个人都会有这种体会的。

在世界文明古国中，中国是提倡谦虚最早的国家。在中国最古的经典之一的《尚书·大禹谟》中就已经有了"满招损，谦受益，时（是）乃天道"这样的教导，把自满与谦虚提高到"天道"的水平，可谓高矣。从那以后，历代的圣贤无不张皇谦虚，贬抑自满。一直到今天，我们常用的词汇中仍然有一大批与"谦"字有联系的词儿，比如"谦卑""谦恭""谦和""谦谦君子""谦让""谦顺""谦虚""谦逊"等，可见"谦"字之深入人心，久而愈彰。

我认为，我们应当提倡真诚的谦虚，而避免虚伪的谦虚，后者与虚伪间不容发矣。

可是在这里我们就遇到了一个拦路虎：什么叫"真诚的谦虚"？什么又叫"虚伪的谦虚"？两者之间并非泾渭分明，简直可以说是因人而异，因地而异，因时而异，掌握一个正确的分寸难于上青天。

最突出的是因地而异，"地"指的首先是东方和西方。在东方，比如说中国和日本，提到自己的文章或著作，必须说是"拙作"或"拙文"。在西方各国语言中是找不到相当的词儿的。尤有甚者，甚至可能产生误会。中国人请客，发请柬必须说"洁治菲酌"，不了解东方习惯的西方人就会满腹疑团：为什么单单用"不丰盛的宴席"来请客呢？日本人送人礼品，往往写上"粗品"二字，西方人又会问：为什么不用"精品"来送人呢？在西方，对老师，对朋友，必须说真话，会多少，就说多少。如果你说，这个只会一点点儿，那个只会一星星儿，他们就会信以为真，在东方则不会。这有时会很危险的。至于吹牛之流，则为东西方同样所不齿，不在话下。

可是怎样掌握这个分寸呢？我认为，在这里，真诚是第一标准。虚怀若谷，如果是真诚的话，它会促你永远学习，永远进步。有的人永远"自我感觉良好"，这种人往往不能进步。康有为是一个著名的例子。他自称，年届而立，天下学问无不掌握。结果说康有为是一个革新家则可，说他是一个学问家则不可。较之乾嘉诸大师，甚至清末民初诸大师，包括他的弟子梁启超在内，他在学术上是没有建树的。

　　总之，谦虚是美德，但必须掌握分寸，注意东西。在东方谦虚涵盖的范围广，不能施之于西方，此不可不注意者。然而，不管东方或西方，必须出之以真诚。有意的过分的谦虚就等于虚伪。

　　　　　　　　　　　　　　　　　1998 年 10 月 3 日

# 容忍

人处在家庭和社会中，有时候恐怕需要讲点容忍的。

唐朝有一个姓张的大官，家庭和睦，美名远扬，一直传到了皇帝的耳中。皇帝赞美他治家有道，问他道在何处，他一气写了一百个"忍"字。这说得非常清楚：家庭中要互相容忍，才能和睦。这个故事非常有名。在旧社会，新年贴春联，只要门楣上写着"百忍家声"就知道这一家一定姓张。中国姓张的全以祖先的容忍为荣了。

但是容忍也并不容易。1935年，我乘西伯利亚铁路的车经苏联赴德国，车过中苏边界上的满洲里，停车四小时，由苏联海关检查行李。这是无可厚非的，入国必须检查，这是世界公例。但是，当时的苏联大概认为，我们这一帮人，从一个资本主义国家到另一个资本主义国家，恐怕没有好人，必须严查，以防万一。检查其他行李，我决无意见。但是，在哈尔滨买的一把最粗糙的铁皮壶，却成了被检查的首要对象。这里敲敲，那里敲敲，薄薄的一层铁皮绝藏不下一颗炸弹的，然而他却敲打不止。我真有点无法容忍，想要发火。我身旁有一位年老的老外，是与我们同车的，看到我的神态，在我耳旁悄悄地说了句：Patience is the great virtue（容忍是很大的美德）。我对他微笑，表示致谢。我立即心平气和，天下太平。

看来容忍确是一件好事，甚至是一种美德。但是，我认为，也必须有一个界限。我们到了德国以后，就碰到这个问题。旧时欧洲流行决斗之风，谁污辱了谁，特别是谁的女情人，被污辱者一定要提出决斗，或用手枪，或用剑。普希金就是在决斗中被枪打死的。我们到了的时候，此风已息，但仍发生。我们几个中国留学生相约：如果外国人污辱了我们自身，我们要揣度形势，主要要容忍，以东方的恕道克制自己。但是，如果他们污辱我们的国家，则无论如何也要同他们玩儿命，决不容忍。这就是我们容忍的界限。幸亏这样的事情没有发生，否则我就活不到今天在这里舞笔弄墨了。

现在我们中国人的容忍水平，看了真让人气短。在公共汽车上，挤挤碰碰是常见的现象。如果碰了或者踩了别人，连忙说一声"对不起！"就能够化干戈为玉帛，然而有不少人连"对不起"都不会说了。于是就相吵相骂，甚至于扭打，甚至打得头破血流。我们这个伟大的民族怎么竟变成了这个样子！我在自己心中暗暗祝愿：容忍兮，归来！

1996 年 12 月 17 日

敬業博學
求實創新

季羨林

季羨林先生題寫的"敬业博学 求实创新"

# 成功

什么叫成功？顺手拿来一本《现代汉语词典》，上面写道："成功：获得预期的结果"，言简意赅，明白之至。

但是，谈到"预期"，则错综复杂，纷纭混乱。人人每时每刻每日每月都有大小不同的预期，有的成功，有的失败，总之是无法界定，也无法分类，我们不去谈它。

我在这里只谈成功，特别是成功之道。这又是一个极大的题目，我却只是小做。积七八十年之经验，我得到了下面这个公式：

$$天资 + 勤奋 + 机遇 = 成功$$

"天资"，我本来想用"天才"；但天才是个稀见现象，其中不少是"偏才"，所以我弃而不用，改用"天资"，大家一看就明白。这个公式实在是过分简单化了，但其中的含义是清楚的。搞得太烦琐，反而不容易说清楚。

谈到天资，首先必须承认，人与人之间天资是不相同的，这是一个事实，谁也否定不掉。"十年浩劫"中，自命天才的人居然号召大批天才，葫芦里卖的是什么药，至今不解。到了今天，学术界和文艺界自命天才的人颇不稀见，我除了羡慕这些人"自我感觉过分良好"外，不敢赞一词。对于自己的天资，我看，还是客观一点好，实事求是一点好。

至于勤奋，一向为古人所赞扬。囊萤、映雪、悬梁、刺股等故事流传了千百年，家喻户晓。韩文公的"焚膏油以继晷，恒兀兀以穷年"，更为读书人所向往。如果不勤奋，则天资再高也毫无用处。事理至明，无待饶舌。

谈到机遇，往往为人所忽视。它其实是存在的，而且有时候影响极大。就以我自己为例，如果清华不派我到德国去留学，则我的一生完全不会像现在这个样子。

把成功的三个条件拿来分析一下，天资是由"天"来决定的，我们无能为力。机遇是不期而来的，我们也无能为力。只有勤奋一项完全是我们自己决定的，我们必须在这一项上狠下功夫。在这里，古人的教导也多得很。还是先举韩文公。他说："业精于勤荒于嬉，行成于思毁于随。"这两句话是大家都熟悉的。

王静安在《人间词话》中说："古今之成大事业大学问者必经过三种之境界：'昨夜西风凋碧树，独上高楼，望尽天涯路'，此第一境也。'衣带渐宽终不悔，为伊消得人憔悴'，此第二境也。

'众里寻他千百度，蓦然回首，那人却在，灯火阑珊处'，此第三境也。"静安先生第一境写的是预期。第二境写的是勤奋。第三境写的是成功。其中没有写天资和机遇。我不敢说，这是他的疏漏，因为写的角度不同。但是，我认为，补上天资与机遇，似更为全面。我希望，大家都能拿出"衣带渐宽终不悔"的精神来从事做学问或干事业，这是成功的必由之路。

2000年1月7日

# 谈礼貌

眼下，即使不是百分之百的人，也是绝大多数的人，都抱怨现在社会上不讲礼貌。这是完全有事实做根据的。前许多年，当时我腿脚尚称灵便，出门乘公共汽车的时候多，几乎每一次我都看到在车上吵架的人，甚至动武的人。起因都是微不足道的：你碰了我一下，我踩了你的脚，如此等等。试想，在拥拥挤挤的公共汽车上，谁能不碰谁呢？这样的事情也值得大动干戈吗？

曾经有一段时间，有关的机关号召大家学习几句话："谢谢！""对不起！"等等。就是针对上述的情况而发的。其用心良苦，然而我心里却觉得不是滋味。一个有五千年文明的堂堂大国竟要学习幼儿园孩子们学说的话，岂不大可哀哉！

有人把不讲礼貌的行为归咎于新人类或新新人类。我并无资格成为新人类的同党，我已经是属于博物馆的人物了。但是，我却要为他们打抱不平。在他们诞生以前，有人早着了先鞭。不过，话又要说了回来。新人类或新新人类确实在不讲礼貌方面有所创造，有所前进，他们发扬光大了这种并不美妙的传统，他们（往往是一双男女）在光天化日之下，车水马龙之中，拥抱接吻，旁若无人，扬扬自得，连在这方面比较不拘细节的老外看了都目瞪口呆，惊诧不已。古人说："闺房之内，有甚于画眉者。"这是两口子的私事，谁也管不着。但这是在闺房之内的事，现在竟几乎要搬到大街上来，虽然还没有到"甚于画眉"的水平，可是已经很可观了？新人类还要新到什么程度呢？

如果一个人孤身住在深山老林中，你愿意怎样都行。可我们是处在社会中，这就要讲究点人际关系。人必自爱而后人爱之。没有礼貌是目中无人的一种表现，是自私自利的一种表现，如果这样的人多了，必然产生与社会不协调的后果。千万不要认为这是个人小事而掉以轻心。

现在国际交往日益频繁，不讲礼貌的恶习所产生的恶劣影响已经不局限于国内，而是会流布全世界。前几年，我看到过一个什么电视片，是由一个意大利著名摄影家拍摄的，主题是介绍北京情况的。北京的名胜古迹当然都包罗无遗，但是，我的眼前忽然一亮：一个光着膀子的胖大汉子骑自行车双手撒把做打太极拳状，飞驰在天安门前宽广的大马路上。给人的形象是野蛮无礼。这样的形象并不多见。然而却没有逃过一个老外的眼光。我相信，这个电视片是会在全世界都放映的。它在外国人心目中会产生什么影响，不是一清二楚了吗？

最后，我想当一个文抄公，抄一段香港《公正报》上的话：

富者有礼高质，贫者有礼免辱，父子有礼慈孝，
兄弟有礼和睦，夫妻有礼情长，朋友有礼义笃，社会
有礼祥和。

2001 年 1 月 29 日

# 知足知不足

　　曾见冰心老人为别人题座右铭："知足知不足，有为有不为。"言简意赅，寻味无穷。特写短文两篇，稍加诠释。先讲知足知不足。

　　中国有一句老话："知足常乐。"为大家所遵奉。什么叫"知足"呢？还是先查一下字典吧。《现代汉语词典》说："知足　满足于已经得到的（指生活、愿望等）。"如果每个人都能满足于已经得到的东西，则社会必能安定，天下必能太平，这个道理是显而易见的。可是社会上总会有一些人不安分守己，癞蛤蟆想吃天鹅肉。这样的人往往要栽大跟头的。对他们来说，"知足常乐"这句话就成了灵丹妙药。

　　但是，知足或者不知足也要分场合的。在旧社会，穷人吃草根树皮，阔人吃燕窝鱼翅。在这样的场合下，你劝穷人知足，能劝得动吗？正相反，应当鼓励他们不能知足，要起来斗争。

这样的不知足是正当的，是有重大意义的，它能伸张社会正义，能推动人类社会前进。

除了场合以外，知足还有一个分（fèn）的问题。什么叫分？笼统言之，就是适当的限度。人们常说的"安分""非分"等，指的就是限度。这个限度也是极难掌握的，是因人而异、因地而异的。勉强找一个标准的话，那就是"约定俗成"。我想，冰心老人之所以写这一句话，其意不过是劝人少存非分之想而已。

至于知不足，在汉文中虽然字面上相同，其含义则有差别。这里所谓"不足"，指的是"不足之处"，"不够完美的地方"。这句话同"自知之明"有联系。

自古以来，中国就有一句老话："人贵有自知之明。"这一句话暗示给我们，有自知之明并不容易，否则这一句话就用不着说了。事实上也确实如此。就拿现在来说，我所见到的人，大都自我感觉良好。专以学界而论，有的人并没有读几本书，却不知天高地厚，以天才自居，靠自己一点小聪明——这能算得上聪明吗？——狂傲恣睢，骂尽天下一切文人，大有用一管毛锥横扫六合之概，令明眼人感到既可笑，又可怜。这种人往往没有什么出息。因为，又有一句中国老话："学如逆水行舟，不进则退。"还有一句中国老话："学海无涯。"说的都是真理。但在这些人眼中，他们已经穷了学海之源，往前再没有路了，进步是没有必要的。他们除了自我欣赏之外，还能有什么出息呢？

古希腊人也认为自知之明是可贵的，所以语重心长地说出了："要了解你自己！"中国同希腊相距万里，可竟说了几乎是一模一样的话，可见这些话是普遍的真理。中外几千年的思想史和科学史，也都证明了一个事实：只有知不足的人才能为人类文化做出贡献。

2001 年 2 月 21 日

# 有为有不为

"为"，就是"做"。应该做的事，必须去做，这就是"有为"。不应该做的事必不能做，这就是"有不为"。

在这里，关键是"应该"二字。什么叫"应该"呢？这有点像仁义的"义"字。韩愈给"义"字下的定义是"行而宜之之谓义"。"义"就是"宜"，而"宜"就是"合适"，也就是"应该"，但问题仍然没有解决。要想从哲学上，从伦理学上，说清楚这个问题，恐怕要写上一篇长篇论文，甚至一部大书。我没有这个能力，也认为根本无此必要。我觉得，只要诉诸一般人都能够有的良知良能，就能分辨清是非善恶了，就能知道什么事应该做，什么事不应该做了。

中国古人说："勿以善小而不为，勿以恶小而为之。"可见善恶是有大小之别的，应该不应该也是有大小之别的，并不是都在一个水平上。什么叫大，什么叫小呢？这里也用不着烦琐的论证，只须动一动脑筋，睁开眼睛看一看社会，也就够了。

小恶、小善，在日常生活中随时可见，比如，在公共汽车上给老人和病人让座，能让，算是小善；不能让，也只能算是小恶，够不上大逆不道。然而，从那些一看到有老人或病人上车就立即装出闭目养神的样子的人身上，不也能由小见大看出了社会道德的水平吗？

至于大善大恶，目前社会中也可以看到，但在历史上却看得更清楚。比如宋代的文天祥。他为元军所虏。如果他想活下去，屈膝投敌就行了，不但能活，而且还能有大官做，最多是在身后被列入"贰臣传"，"身后是非谁管得"，管那么多干吗呀。然而他却高赋《正气歌》，从容就义，留下英名万古传，至今还在激励着我们全国人民的爱国热情。

通过上面举的一个小恶的例子和一个大善的例子，我们大概对大小善和大小恶能够得到一个笼统的概念了。凡是对国家有利，对人民有利，对人类发展前途有利的事情就是大善，反之就是大恶。凡是对处理人际关系有利，对保持社会安定团结有利的事情可以称之为小善，反之就是小恶。大小之间有时难以区别，这只不过是一个大体的轮廓而已。

大小善和大小恶有时候是有联系的。俗话说："千里之堤，溃于蚁穴。"拿眼前常常提到的贪污行为而论，往往是先贪污少量的财物，心里还有点打鼓。但是，一旦得逞，尝到甜头，又没被人发现，于是胆子越来越大，贪污的数量也越来越多，终至于一发而不可收拾，最后受到法律的制裁，悔之晚矣。也有个别的识时务者,迷途知返,就是所谓浪子回头者,然而难矣哉!

我的希望很简单,我希望每个人都能有为有不为。一旦"为"错了,就毅然回头。

2001 年 2 月 23 日

# 隔
# 膜

　　鲁迅先生曾写过关于"隔膜"的文章，有些人是熟悉的。鲁迅的"隔膜"，同我们平常使用的这个词儿的含义不完全一样。我们平常所谓"隔膜"是指"情意不相通，彼此不了解"。鲁迅的"隔膜"是单方面的以主观愿望或猜度去了解对方，去要求对方。这样做，鲜有不碰钉子者。这样的例子，在中国历史上并不稀见。即使有人想"颂圣"，如果隔膜，也难免撞在龙犄角上，一命呜呼。

　　最近读到韩升先生的文章《隋文帝抗击突厥的内政因素》（《欧亚学刊》第二期），其中有几句话：

　　　　对此，从种族性格上斥责突厥"反复无常"，其出
　　　发点是中国理想主义感情性的"义"观念。国内伦理
　　　观念与国际社会现实的矛盾冲突，在中国对外交往中

反复出现，深值反思。这实在是见道之言，值得我们深思。我认为，这也是一种"隔膜"。

记得当年在大学读书时，适值九一八事件发生，日军入寇东北。当中国军队实行不抵抗主义，南京政府同时又派大员赴日内瓦国联（相当于今天的联合国）控诉，要求国联伸张正义。当时我还属于隔膜党，义愤填膺，等待着国际伸出正义之手。结果当然是落了空。我颇恨恨不已了一阵子。

在这里，关键是什么叫"义"？什么叫"正义"？韩文公说："行而宜之之谓义。"可是"宜之"的标准是因个人而异的，因民族而异的，因国家而异的，因立场不同而异的。不懂这个道理，就是"隔膜"。

懂这个道理，也并不容易。我在德国住了十年，没有看到有人在大街上吵架，也很少看到小孩子打架。有一天，我看到就在我窗外马路对面的人行道上，两个男孩在打架，一个大的约十三四岁，一个小的只有约七八岁，个子相差一截，力量悬殊明显。不知为什么，两个人竟干起架来。不到一个回合，小的被打倒在地，哭了几声，立即又爬起来继续交手，当然又被打倒在地。如此被打倒了几次，小孩边哭边打，并不服输，日耳曼民族的特性昭然可见。此时周围已经聚拢了一些围观者。我总期望，有一个人会像在中国一样，主持正义，说一句："你这么大了，怎么能欺负小的呢！"但是没有。最后还是对门住的一位老太太从窗子里对准两个小孩泼出了一盆冷水，两个小孩各自哈哈大笑，战斗才告结束。

这件小事给了我一个重要的教训：在西方国家眼中，谁的拳头大，正义就在谁手里，我从此脱离了隔膜党。

今天，我们的国家和人民都变得更加聪明了，与隔膜的距离越来越远了。我们努力建设我们的国家，使人民的生活水平越来越提高。对外我们决不侵略别的国家，但也决不允许别的国家侵略我们。我们也讲主持正义，但是，这个正义与隔膜是不搭界的。

2001 年 2 月 27 日

# 论恐惧

法国大散文家和思想家蒙田写过一篇散文《论恐惧》。他一开始就说：

我并不像有人认为的那样是研究人类本性的学者，对于人为什么恐惧所知甚微。

我当然更不是一个研究人类本性的学者，虽然在高中时候读过心理学这样一门课，但其中是否讲到过恐惧，早已忘到爪哇国去了。

可我为什么现在又写《论恐惧》这样一篇文章呢？

理由并不太多，也谈不上堂皇。只不过是因为我常常思考这个问题，而今又受到了蒙田的启发而已。好像是蒙田给我出了这样一个题目。

根据我读书思考的结果，也根据我自己的经验，恐惧这一种心理活动和行动是异常复杂的，绝不是三言两语所能说得清楚的。人们可以从很多角度来探讨恐惧问题，我现在谈一下我自己从一个特定角度上来研究恐惧现象的想法，当然也只能极其概括，极其笼统地谈。

我认为，应当恐惧而恐惧者是正常的。应当恐惧而不恐惧者是英雄。我们平常所说的从容镇定，处变不惊，就是指的这个。不应当恐惧而恐惧者是孱头。不应当恐惧而不恐惧者也是正常的。

两个正常的现象用不着讲，我现在专讲三两个不正常的现象。要举事例，那就不胜枚举。我索性专门从《晋书》里面举出两个事例，两个都与苻坚有关。《谢尚等传》中有一段话：

> 玄等既破坚，有驿书至，安方对客围棋，看书
> 既竟，便摄放床上，了无喜色，棋如故。客问之，
> 徐答曰："小儿辈遂已破贼。"

苻坚大兵压境，作为大臣的谢安理当恐惧不安，然而他竟这样从容镇定，至今传颂不已。所以我称之为英雄。

《晋书·苻坚载记》有下面这几段话：

> 谢石等以既败梁成，水陆继进。坚与苻融登城而
> 望王师，见部阵齐整，将士精锐，又北望八公山上草

木皆类人形，顾谓融曰："此亦勍敌也，何谓少乎！"
怃然有惧色。

下面又说：

> 坚大惭，顾谓其夫人张氏曰："朕若用朝臣之言，
> 岂见今日之事邪！当何面目复临天下乎！"潸然流涕
> 而去，闻风声鹤唳，皆谓晋师之至。

这活生生地画出了一个孱头。敌兵压境，应当振作起来，鼓励士兵，同仇敌忾，可是苻坚自己却先泄了气。这样的人不称为孱头，又称之为什么呢？结果留下了两句著名的话："风声鹤唳，草木皆兵。"至今还流传在人民的口中，也可以说是流什么千古了。

如果想从《论恐惧》这一篇短文里吸取什么教训的话，那就是明明白白地摆在眼前的。我们都要锻炼自己，对什么事情都不要惊慌失措，而要处变不惊。

2001 年 3 月 13 日

# 坏人

积将近九十年的经验，我深知世界上确实是有坏人的。乍看上去，这个看法的智商只能达到小学一年级的水平。这就等于说"每个人都必须吃饭"那样既真实又平庸。

可是事实上我顿悟到这个真理，是经过了长时间的观察与思考的。

我从来就不是性善说的信徒，毋宁说我是倾向性恶说的。古书上说"天命之谓性"，"性"就是我们现在常说的"本能"，而一切生物的本能是力求生存和发展，这难免引起生物之间的矛盾，性善又何从谈起呢？

那么，什么又叫作"坏人"呢？记得鲁迅曾说过，干损人利己的事还可以理解，损人又不利己的事千万干不得。我现在利用鲁迅的话来给坏人作一个界定：干损人利己的事是坏人，而干损人又不利己的事，则是坏人之尤者。

空口无凭，不妨略举两例。一个人搬到新房子里，照例大事装修，而装修的方式又极野蛮，结果把水管凿破，水往外流。住在楼下的人当然首蒙其害，水滴不止，连半壁墙都浸透了。然而此人却不闻不问，本单位派人来修，又拒绝入门。倘若墙壁倒塌，楼下的人当然会受害，他自己焉能安全！这是典型的损人又不利己的例子。又有一位"学者"，对某一种语言连字母都不认识，却偏冒充专家，不但在国内蒙混过关，在国外也招摇撞骗。有识之士皆嗤之以鼻。这又是一个典型的损人而不利己的例子。

根据我的观察，坏人，同一切有毒的动植物一样，是并不知道自己是坏人的，是毒物的。鲁迅翻译的《小约翰》里讲到一个有毒的蘑菇听人说它有毒，它说：这是人话。毒蘑菇和一切苍蝇、蚊子、臭虫等，都不认为自己有毒。说它们有毒，它们大概也会认为：这是人话。可是被群众公推为坏人的人，他们难道能说：说他们是坏人的都是人话吗？如果这是"人话"的话，那么他们自己又是什么呢？

根据我的观察，我还发现，坏人是不会改好的。这有点像形而上学了。但是，我却没有办法。天下哪里会有不变的事物呢？哪里会有不变的人呢？我观察的几个"坏人"偏偏不变。几十年前是这样，今天还是这样。我想给他们辩护都找不出词儿来。有时候，我简直怀疑，天地间是否有一种叫作"坏人基因"的东西？可惜没有一个生物学家或生理学家提出过这种理论。我自己既非生物学家，又非生理学家，只能凭空臆断。我但愿有一个坏人改变一下，改恶从善，堵住了我的嘴。

1999 年 7 月 24 日

# 论朋友

人类是社会动物。一个人在社会中不可能没有朋友。任何人的一生都是一场搏斗。在这一场搏斗中，如果没有朋友，则形单影只，鲜有不失败者。如果有了朋友，则众志成城，鲜有不胜利者。

因此，在人类几千年的历史上，任何国家，任何社会，没有不重视交友之道的，而中国尤甚。在宗法伦理色彩极强的中国社会中，朋友被尊为五伦之一，曰"朋友有信"。我又记得什么书中说："朋友，以义合者也。""信""义"含义大概有相通之处。后世多以"义"字来要求朋友关系，比如《三国演义》"桃园三结义"之类就是。

《说文》对"朋"字的解释是"凤飞，群鸟从以万数，故以为朋党字"。"凤"和"朋"大概只有轻唇音重唇音之别。对"友"的解释是"同志为友"。意思非常清楚。中国古代，肯定也有"朋友"二字连用的，比如《孟子》《论语》"有朋自远方来，不亦说乎！"却只用一个"朋"字。不知从什么时候起，"朋友"才经常连用起来。

在中国几千年的历史上，重视友谊的故事不可胜数。最著名的是管鲍之交，钟子期和伯牙的故事，等等。刘、关、张三结义更是有口皆碑。一直到今天，我们还讲究"哥儿们义气"，发展到最高程度，就是"为朋友两肋插刀"。只要不是结党营私，我们是非常重视交朋友的。我们认为，中国古代把朋友归入五伦是有道理的。

我们现在看一看欧洲人对友谊的看法。欧洲典籍数量虽然远远比不上中国，但是，称之为汗牛充栋也是当之无愧的。我没有能力来旁征博引，只能根据我比较熟悉的一部书来引证一些材料，这就是法国著名的《蒙田随笔》。

《蒙田随笔》上卷，第二十八章，是一篇叫作《论友谊》的随笔。其中有几句话：

> 我们喜欢交友胜过其他一切，这可能是我们本性所使然。亚里士多德说，好的立法者对友谊比对公正更关心。

寥寥几句，充分说明西方对友谊之重视。蒙田接着说：

> 自古就有四种友谊：血缘的、社交的、待客的和男女情爱的。

这使我立即想到，中西对友谊含义的理解是不相同的。根据中国的标准，"血缘的"不属于友谊，而属于亲情。"男女情爱的"也不属于友谊，而属于爱情。对此，蒙田有长篇累牍的解释，我无法一一征引。我只举他对爱情的几句话：

> 爱情一旦进入友谊阶段，也就是说，进入意愿相投的阶段，它就会衰落和消逝。爱情是以身体的快感为目的，一旦享有了，就不复存在。相反，友谊越被人向往，就越被人享有，友谊只是在获得以后才会升华、增长和发展，因为它是精神上的，心灵会随之净化。

这一段话，很值得我们仔细推敲、品味。

1999 年 10 月 26 日

# 三思而行

　　"三思而行"，是我们现在常说的一句话，是劝人做事不要鲁莽，要仔细考虑，然后行动，则成功的可能性会大一些，碰壁的可能性会小一些。

　　要数典而不忘祖，也并不难。这个典故就出在《论语·公冶长第五》："季文子三思而后行。子闻之曰：'再，斯可矣。'"这说明，孔老夫子是持反对意见的。吾家老祖宗文子（季孙行父）的三思而后行的举动，二千六七百年以来，历代都得到了几乎全天下人的赞扬，包括许多大学者在内。查一查《十三经注疏》，就能一目了然。《论语正义》说："三思者，言思之多，能审慎也。"许多书上还表扬了季文子，说他是"忠而有贤行者"。甚至有人认为三思还不够。《三国志·吴志·诸葛恪传注》中说：有人劝恪"每事必十思"。可是我们的孔圣人却冒天下之大不韪，批评了季文子三思过多，只思二次（再）就够了。

这怎么解释呢？究竟谁是谁非呢？

我们必须先弄明白，什么叫"三思"。总起来说，对此有两个解释。一个是"言思之多"，这在上面已经引过。一个是"君子之谋也，始衷（中）终皆举之而后入焉"。这话虽为文子自己所说，然而孔子以及上万上亿的众人却不这样理解。他们理解，一直到今天，仍然是"多思"。

多思有什么坏处呢？又有什么好处呢？根据我个人几十年来的体会，除了下围棋、象棋等以外，多思有时候能使人昏昏，容易误事。平常骂人说是"不肖子孙"，意思是与先人的行动不一样的人。我是季文子的最"肖"子孙。我平常做事不但三思，而且超过三思，是否达到了人们要求诸葛恪做的"十思"，没做统计，不敢乱说。反正是思过来，思过去，越思越糊涂，终而至于头昏昏然，而仍不见行动，不敢行动。我这样一个过于细心的人，有时会误大事的。我觉得，碰到一件事，绝不能不思而行，鲁莽行动。记得当年在德国时，法西斯统治正如火如荼。一些盲目崇拜希特勒的人，常常使用一个词儿 Darauf-galngertum，意思是"说干就干，不必思考"。这是法西斯的做法，我们必须坚决扬弃。遇事必须深思熟虑。先考虑可行性，考虑的方面越广越好。然后再考虑不可行性，也是考虑的方面越广越好。正反两面仔细考虑完以后，就必须加以比较，做出决定，立即行动。如果你考虑正面，又考虑反面之后，再回头来考虑正面，又再考虑反面，那么，如此循环往复，终无宁日，最终成为考虑的巨人、行动的侏儒。

所以，我赞成孔子的"再，斯可矣"。

# 傻瓜

天下有没有傻瓜？有的,但却不是被别人称作"傻瓜"的人,而是认为别人是傻瓜的人,这样的人自己才是天下最大的傻瓜。

我先把我的结论提到前面明确地摆出来,然后再条分缕析地加以论证。这有点违反胡适之先生的"科学方法"。他认为,这样做是西方古希腊亚里士多德首倡的演绎法,是不科学的。科学的做法是他和他老师杜威的归纳法,先不立公理或者结论,而是根据事实,用"小心的求证"的办法,去搜求证据,然后才提出结论。

我在这里实际上并没有违反"归纳法"。我是经过了几十年的观察与体会,阅尽了芸芸众生的种种相,去粗取精,去伪存真以后,才提出了这样的结论的。为了凸现它的重要性,所以提到前面来说。

闲言少叙,书归正传。有一些人往往以为自己最聪明。他们争名于朝,争利于世,锱铢必较,斤两必争。如果用正面手段、表面上的手段达不到目的的话，则也会用些负面的手段、暗藏的手段，来蒙骗别人，以达到损人利己的目的。结果怎样呢？结果是：有的人真能暂时得逞，"春风得意马蹄疾，一日看遍长安花"。大大地辉煌了一阵，然后被人识破，由座上客一变而为阶下囚。有的人当时就能丢人现眼。《红楼梦》中有两句话说："机关算尽太聪明，反误了卿卿性命。"这话真说得又生动，又真实。我绝不是说，世界上人人都是这样子，但是，从中国到外国，从古代到现代，这样的例子还算少吗？

原因何在？原因就在于：这些人都把别人当成了傻瓜。

我们中国有几句尽人皆知的俗话："善有善报，恶有恶报；不是不报，时候未到；时候一到，一切皆报。"这真是见道之言。把别人当傻瓜的人，归根结底，会自食其果。古代的统治者对这个道理似懂非懂。他们高叫："民可使由之，不可使知之。"是想把老百姓当傻瓜，但又很不放心，于是派人到民间去采风，采来了不少政治讽刺歌谣。杨震是聪明人，对向他行贿者讲出了"四知"。他知道得很清楚：除了天知、地知、你知、我知之外，不久就会有一个第五知：人知。他是不把别人当作傻瓜的。还是老百姓最聪明。他们中的聪明人说："若要人不知，除非己莫为。"他们不把别人当傻瓜。

可惜把别人当傻瓜的现象，自古亦然，于今尤烈。救之之道只有一条：不自作聪明，不把别人当傻瓜，从而自己也就不是傻瓜。哪一个时代，哪一个社会，只要能做到这一步，全社会就都是聪明人，没有傻瓜，全社会也就会安定团结。

# 毁誉

好誉而恶毁，人之常情，无可非议。

古代豁达之人倡导把毁誉置之度外。我则另持异说，我主张把毁誉置之度内。置之度外，可能表示一个人心胸开阔，但是，我有点担心，这有可能表示一个人的糊涂或颟顸。

我主张对毁誉要加以细致的分析。首先要分清：谁毁你？谁誉你？在什么时候？在什么地方？由于什么原因？这些情况弄不清楚，只谈毁誉，至少是有点模糊。

我记得在什么笔记上读到过一个故事。一个人最心爱的人，只有一只眼。于是他就觉得天下人（一只眼者除外）都多长了一只眼。这样的毁誉能靠得住吗？

还有我们常常讲什么"党同伐异"，又讲什么"臭味相投"，等等。这样的毁誉能相信吗？

孔门贤人子路"闻过则喜"，古今传为美谈。我根本做不到，而且也不想做到，因为我要分析：是谁说的？在什么时候，在什么地点，因为什么而说的？分析完了以后，再定"则喜"，或是"则怒"。喜，我不会过头。怒，我也不会火冒十丈，怒发冲冠。孔子说："野哉，由也！"大概子路是一个粗线条的人物，心里没有像我上面说的那些弯弯绕。

我自己有一个颇为不寻常的经验。我根本不知道世界上有某一位学者，过去对于他的存在，我一点都不知道，然而，他却同我结了怨。因为，我现在所占有的位置，他认为本来是应该属于他的，是我这个"鸠"把他这个"鹊"的"巢"给占据了。因此，勃然对我心怀不满。我被蒙在鼓里，很久很久，最后才有人透了点风给我。我不知道，天下竟有这种事，只能一笑置之。不这样又能怎样呢？我想向他道歉，挖空心思，也找不出丝毫理由。

大千世界，芸芸众生，由于各人禀赋不同，遗传基因不同，生活环境不同，所以各人的人生观、世界观、价值观、好恶观等，都不会一样，都会有点差别。比如吃饭，有人爱吃辣，有人爱吃咸，有人爱吃酸，如此等等。又比如穿衣，有人爱红，有人爱绿，有人爱黑，如此等等。在这种情况下，最好是各人自是其是，而不必非人之非。俗语说："各人自扫门前雪，不管他人瓦上霜。"这话本来有点贬义，我们可以正用。每个人都会有友，也会有"非友"，我不用"敌"这个词儿，避免误会。友，难免有誉；非友，难免有毁。碰到这种情况，最好抱上面所说的分析的态度，切不要笼而统之，一锅糊涂粥。

好多年来,我曾有过一个"良好"的愿望:我对每个人都好,也希望每个人对我都好。只望有誉,不能有毁。最近我恍然大悟,那是根本不可能的。如果真有一个人,人人都说他好,这个人很可能是一个极端圆滑的人,圆滑到琉璃球又能长只脚的程度。

1997 年 6 月 23 日

# 我写我

我写我，真是一个绝妙的题目；但是，我的文章却不一定妙，甚至很不妙。

每一个人都有一个"我"，二者亲密无间，因为实际上是一个东西。按理说，人对自己的"我"应该是十分了解的；然而，事实上却不尽然。依我看，大部分人是不了解自己的，都是自视过高的。这在人类历史上竟成了一个哲学上的大问题。否则古希腊哲人发出狮子吼："要认识你自己！"岂不成了一句空话吗？

我认为，我是认识自己的，换句话说，是有点自知之明的。我经常像鲁迅先生说的那样剖析自己。然而结果并不美妙，我剖析得有点过了头，我的自知之明过了头，有时候真感到自己一无是处。

这表现在什么地方呢？

拿写文章做一个例子。专就学术文章而言，我并不认为"文章是自己的好"。我真正满意的学术论文并不多。反而别人的学术文章，包括一些青年后辈的文章在内，我觉得是好的。为什么会出现这种心情呢？我还没得到答案。

再谈文学作品。在中学时候，虽然小伙伴们曾赠我一个"诗人"的绰号，实际上我没有认真写过诗。至于散文，则是写的，而且已经写了六十多年，加起来也有七八十万字了。然而自己真正满意的也屈指可数。在另一方面，别人的散文就真正觉得好的也十分有限。这又是什么原因呢？我也还没得到答案。

在品行的好坏方面，我有自己的看法。什么叫好？什么又叫坏？我不通伦理学，没有深邃的理论，我只能讲几句大白话。我认为，只替自己着想，只考虑个人利益，就是坏。反之能替别人着想，考虑别人的利益，就是好。为自己着想和为别人着想，后者能超过一半，他就是好人。低于一半，则是不好的人；低得过多，则是坏人。

拿这个尺度来衡量一下自己，我只能承认自己是一个好人。我尽管有不少的私心杂念，但是总起来看，我考虑别人的利益还是多于一半的。至于说真话与说谎，这当然也是衡量品行的一个标准。我说过不少谎话，因为非此则不能生存。但是我还是敢于讲真话的。我的真话总是大大地超过谎话。因此我是一个好人。

我这样一个自命为好人的人，生活情趣怎样呢？我是一个感情充沛的人，也是兴趣不老少的人。然而事实上生活了八十年以后，到头来自己都感到自己枯燥乏味，干干巴巴，好像是一棵枯树，只有树干和树枝，而没有一朵鲜花、一片绿叶。自己搞的所谓学问，别人称之为"天书"。自己写的一些专门的学术著作，别人视之为神秘。年届耄耋，过去也曾有过一些幻想，想在生活方面改弦更张，减少一点枯燥，增添一点滋润，在枯枝粗干上开出一点鲜花，长上一点绿叶；然而直到今天，仍然是忙忙碌碌，有时候整天连轴转，"为他人作嫁衣裳"，而且退休无日，路穷有期，可叹亦复可笑！

我这一生，同别人差不多，阳关大道，独木小桥，都走过跨过。坎坎坷坷，弯弯曲曲，一路走了过来。我不能不承认，我运气不错，所得到的成功，所获得的虚名，都有点名不副实。在另一方面，我的倒霉也有非常人所可得者。在那骇人听闻的所谓什么"大革命"中，因为敢于仗义执言，几乎把老命赔上。皮肉之苦也是永世难忘的。

现在，我的人生之旅快到终点了。我常常回忆八十年来的历程，感慨万端。我曾问过自己一个问题：如果真有那么一个造物主，要加恩于我，让我下一辈子还转生为人，我是不是还走今生走的这一条路？经过了一些思虑，我的回答是：还要走这一条路。但是有一个附带条件：让我的脸皮厚一点，让我的心黑一点，让我考虑自己的利益多一点，让我自知之明少一点。

1992 年 11 月 16 日

# 满招损，谦受益

这本来是中国一句老话，来源极古，《尚书·大禹谟》中已经有了，以后历代引用不辍，一直到今天，还经常挂在人们嘴上。可见此话道出了一个真理，经过将近三千年的检验，益见其真实可靠。

这话适用于干一切工作的人，做学问何独不然？可是，怎样来解释呢？

根据我自己的思考与分析，满（自满）只有一种：真。假自满者，未之有也。吹牛皮，说大话，那不是自满，而是骗人。谦（谦虚）却有两种，一真一假。假谦虚的例子，真可以说是俯拾即是。故作谦虚状者，比比皆。中国人的"菲酌""拙作"之类的词，张嘴即出。什么"指正""斧正""哂正"之类的送人自己著作的谦辞，谁都知道是假的，然而谁也必须这样写。这种谦辞已经深入骨髓，不给任何人留下任何印象。日本人赠人礼品，自称"粗品"者，也属于这一类。这种虚伪的谦虚不会使任何人受益。西方人无论如何也是不能理解的。为什么拿"菲酌"而不拿盛宴来宴请客人？为什么拿"粗品"而不拿精品送给别人？对西方人简直是一个谜。

我们要的是真正的谦虚，做学问更是如此。如果一个学者，不管是年轻的，还是中年的、老年的，觉得自己的学问已经够大了，没有必要再进行学习了，他就不会再有进步。事实上，不管你搞哪一门学问，绝不会有搞得完全彻底一点问题也不留的。人即使能活上一千年，也是办不到的。因此，在做学问上谦虚，不但表示这个人有道德，也表示这个人是实事求是的。听说康有为说过，他年届三十，天下学问即已学光。仅此一端，就可以证明，康有为不懂什么叫学问。现在有人尊他为"国学大师"，我认为是可笑的。他至多只能算是一个革新家。

在当今中国的学坛上，自视甚高者，所在皆是；而真正虚怀若谷者，则绝无仅有。我不认为这是一个好现象。有不少年轻的学者，写过几篇论文，出过几册专著，就傲气凌人。这不利于他们的进步，也不利于中国学术前途的发展。

我自己怎样呢？我总觉得自己不行。我常常讲，我是样样通、样样松。我一生勤奋不辍，天天都在读书写文章，但一遇到一个必须深入或更深入钻研的问题，就觉得自己知识不够，有时候不得不临时抱佛脚。人们都承认，自知之明极难；有时候，我却觉得，自己的"自知之明"过了头，不是虚心，而是心虚了。因此，我从来没有觉得自满过。这当然可以说是一个好现象。

但是，我又遇到了极大的矛盾：我觉得真正行的人也如凤毛麟角。我总觉得，好多学人不够勤奋，天天虚度光阴。我经常处在这种心理矛盾中。别人对我的赞誉，我非常感激；但是，我并没有被这些赞誉冲昏了头脑，我头脑是清楚的。我只劝大家，不要全信那一些对我赞誉的话，特别是那些顶高得惊人的帽子，我更是受之有愧。

1997 年

# 论压力

　　《参考消息》今年7月3日以半版的篇幅介绍了外国学者关于压力的说法。我也正考虑这个问题，因缘和合，不免唠叨上几句。

　　什么叫"压力"？上述文章中说："压力是精神与身体对内在与外在事件的生理与心理反应。"下面还列了几种特性，今略。我一向认为，定义这玩意儿，除在自然科学上可能确切外，在人文社会科学上则是办不到的。上述定义我看也就行了。

　　是不是每一个人都有压力呢？我认为，是的。我们常说，人生就是一场拼搏，没有压力，哪来的拼搏？佛家说，生、老、病、死、苦，苦也就是压力。过去的国王、皇帝，近代外国的独裁者，无法无天，为所欲为，看上去似乎一点压力都没有。然而他们却战战兢兢，时时如临大敌，担心边患，担心宫廷政变，担心被毒害被刺杀。他们是世界上最孤独的人，压力比任何人都大。大资本家钱太多了，担心股市升降，房地产价波动，等等。至于吾辈平民老百姓,"家家有一本难念的经",这些都是压力,谁能躲得开呢?

压力是好事还是坏事?我认为是好事。从大处来看,现在全球环境污染,生态平衡破坏,臭氧层出洞,人口爆炸,新疾病丛生,等等,人们感觉到了,这当然就是压力,然而压出来却是增强忧患意识,增强防范措施,这难道不是天大的好事吗?对一般人来说,法律和其他一切合理的规章制度,都是压力。然而这些压力何等好啊!没有它,社会将会陷入混乱,人类将无法生存。这个道理极其简单明了,一说就懂。我举自己做一个例子。我不是一个没有名利思想的人——我怀疑真有这种人,过去由于一些我曾经说过的原因,表面上看起来,我似乎是淡泊名利,其实那多半是假象。但是,到了今天,我已至望九之年,名利对我已经没有什么用,用不着再争名于朝,争利于市,这方面的压力没有了。但是却来了另一方面的压力,主要来自电台采访和报刊以及友人约写文章。这对我形成颇大的压力。以写文章而论,有的我实在不愿意写,可是碍于面子,不得不应。应就是压力。于是"拨冗"苦思,往往能写出有点新意的文章。对我来说,这就是压力的好处。

压力如何排除呢?粗略来分类,压力来源可能有两类:一被动,一主动。天灾人祸,意外事件,属于被动,这种压力,无法预测,只有泰然处之,切不可杞人忧天。主动的来源于自身,自己能有所作为。我的"三不主义"的第三条是"不嘀咕",我认为,能做到遇事不嘀咕,就能排除自己造成的压力。

1998 年 7 月 8 日

# 爱情

## 一

人们常说，爱情是文艺创作的永恒主题。不同意这个意见的人，恐怕是不多的。爱情同时也是人生不可缺少的东西。即使后来出家当了和尚，与爱情完全"拜拜"，在这之前也曾蹚过爱河，受过爱情的洗礼，有名的例子不必向古代去搜求，近代的苏曼殊和弘一法师就摆在眼前。

可是为什么我写《人生漫谈》已经写了三十多篇还没有碰爱情这个题目呢？难道爱情在人生中不重要吗？非也。只因它太重要，太普遍，但却又太神秘，太玄乎，我因而不敢去碰它。

中国俗话说："丑媳妇迟早要见公婆的。"我迟早也必须写关于爱情的漫谈的。现在，适逢有一个机会：我正读法国大散文家蒙田的随笔《论友谊》这一篇，里面谈到了爱情。我干脆抄上几段，加以引申发挥，借他人的杯，装自己的酒，以了此一段公案。以后倘有更高更深刻的领悟，还会再写的。

蒙田说：我们不可能将爱情放在友谊的位置上。"我承认，爱情之火更活跃，更激烈，更灼热……但爱情是一种朝三暮四、变化无常的感情，它狂热冲动，时高时低，忽冷忽热，把我们系于一发之上。而友谊是一种普遍和通用的热情……再者，爱情不过是一种疯狂的欲望，越是躲避的东西越要追求……爱情一旦进入友谊阶段，也就是说，进入意愿相投的阶段，它就会衰弱和消逝。爱情是以身体的快感为目的，一旦享有了，就不复存在。"

总之，在蒙田眼中，爱情比不上友谊，不是什么好东西。我个人觉得，蒙田的话虽然说得太激烈，太偏颇，太极端；然而我们却不能不承认，它有合理的实事求是的一方面。

根据我个人的观察与思考，我觉得，世人对爱情的态度可以笼统分为两大流派：一派是现实主义，一派是理想主义。蒙田显然属于现实主义，他没有把爱情神秘化、理想化。如果他是一个诗人的话，他也绝不会像一大群理想主义的诗人那样，写出些卿卿我我，鸳鸯蝴蝶，有时候甚至拿肉麻当有趣的诗篇，令普天下的才子佳人们击节赞赏。他干净利落地直言不讳，把爱情说成是"朝三暮四，变化无常的感情"。对某一些高人雅士来说，这实在有点大煞风景，仿佛在佛头上着粪一样。

我不才，窃自附于现实主义一派。我与蒙田也有不同之处：我认为，在爱情的某一个阶段上，可能有纯真之处。否则就无法解释日本青年恋人在相爱达到最高潮时有的就双双跳入火山口中，让他们的爱情永垂不朽。

二

像这样的情况，在日本恐怕也是极少极少的。在别的国家，则未闻之也。

当然，在别的国家也并不缺少歌颂纯真爱情的诗篇、戏剧、小说，以及民间传说。莎士比亚的《罗密欧与朱丽叶》，中国的梁山伯与祝英台是世所周知的。谁能怀疑这种爱情的纯真呢？专就中国来说，民间类似梁祝爱情的传说，还能够举出不少来。至于"誓死不嫁"和"誓死不娶"的真实的故事，则所在多有。这样一来，爱情似乎真同蒙田的说法完全相违，纯真圣洁得不得了啦。

我在这里想分析一个有名的爱情的案例。这就是杨贵妃和唐玄宗的爱情故事，这是一个古今艳称的故事。唐代大诗人白居易的《长恨歌》歌颂的就是这一件事。你看，唐玄宗失掉了杨贵妃以后，他是多么想念，多么情深："夕殿萤飞思悄然，孤灯挑尽未成眠。"这一首歌最后两句诗是"天长地久有时尽，此恨绵绵无绝期。"写得多么动人心魄，多么令人同情，好像他们两人之间的爱情真正纯真到了无以复加的程度。但是，常识告诉我们，爱情是有排他性的，真正的爱情不容有一个第三者。可是唐玄宗怎样呢？"后宫佳丽三千人"，小老婆真够多的。即使是"三千宠爱在一身"，这"在一身"能可靠吗？白居易以唐代臣子，竟敢乱谈天子宫闱中事，这在明清是绝对办不到的。这先不去说它，白居易真正头脑简单到相信这爱情是纯真的才加以歌颂吗？抑或另有别的原因？

这些封建的爱情"俱往矣"。今天我们怎样对待爱情呢？我明人不说暗话，我是颇有点同意蒙田的意见的。中国古人说："食色，性也。"爱情，特别是结婚，总是同"色"相联系的。家喻户晓的《西厢记》歌颂张生和莺莺的爱情，高潮竟是一幕"酬简"，也就是"以身相许"。个中消息，很值得我们参悟。

我们今天的青年怎样对待爱情呢？这我有点不大清楚，也没有什么青年人来同我这望九之年的老古董谈这类事情。据我所见所闻，那一套封建的东西早为今天的青年所扬弃。如果真有人想向我这爱情的盲人问道的话，我也可以把我的看法告诉他们的。如果一个人不想终生独身的话，他必须谈恋爱以至结婚。这是"人间正道"。但是千万别浪费过多的时间，终日卿卿我我，闹得神魂颠倒，处心积虑，不时闹点小别扭，学习不好，工作难成，最终还可能是"竹篮子打水一场空"。这真是何苦来！我并不提倡二人"一见倾心"，立即办理结婚手续。我觉得，两个人必须有一个互相了解的过程。这过程不必过长，短则半年，多则一年。余出来的时间应当用到刀刃上，搞点事业，为了个人，为了家庭，为了国家，为了世界。

# 三

已经写了两篇关于爱情的短文，但觉得仍然是言犹未尽，现在再补写一篇。像爱情这样平凡而又神秘的东西，这样一种社会现象或心理活动，即使再将篇幅扩大 10 倍、20 倍、100 倍，也是写不完的。补写此篇，不过聊补前两篇的一点疏漏而已。

在旧社会实行"父母之命，媒妁之言"的办法，男女青年不必伤任何脑筋，就入了洞房。我们可以说，结婚是爱情的开始。但是，不要忘记，也有"绿叶成荫子满枝"而终于不知爱情为何物的例子，而且数目还不算太少。到了现代，实行自由恋爱了，有的时候竟成了结婚是爱情的结束。西方和当前的中国，离婚率颇为可观，就是一个具体的例证。据说，有的天主教国家教会禁止离婚。但是，不离婚并不等于爱情能继续，只不过是外表上合而不离，实际上则各寻所欢而已。

爱情既然这样神秘，相爱和结婚的机遇——用一个哲学的术语就是偶然性——又极其奇怪，极其突然，绝非我们个人所能掌握的。在困惑之余，东西方的哲人俊士束手无策，还是老百姓有办法，他们乞灵于神话。

一讲到神话，据我个人的思考，就有中外之分。西方人创造了一个爱情，叫作 Jupiter 或 Cupid，是一个手持弓箭的童子。他的箭射中了谁，谁就坠入爱河，印度古代文化毕竟与欧洲古希腊、罗马有缘。他们也创造了一个叫作 Kāmaolliva 的爱神，也是手持弓箭，被射中者立即相爱，绝不敢有违。这个神话当然是同一来源，此不见论。

在中国，我们没有"爱神"的信仰，我们另有办法。我们创造了一个月老，他手中拿着一条红线，谁被红线拴住，不管是相距多么远，天涯海角，恍若比邻，二人必然走到一起，相爱结婚。从前西湖有一座月老祠，有一副对联是天下闻名的："愿天下有情人都成了眷属，是前生注定事莫错过姻缘。"多么质朴，多么有人情味！只是对某些人来说，"前生"和"姻缘"显得有点渺茫和神秘。可是，如果每一对夫妇都回想一下你们当初相爱和结婚的过程的话，你能否定月老祠的这一副对联吗？

我自己对这副对联是无法否认的，但又找不到"科学根据"。我倒是想忠告今天的年轻人，不妨相信一下。我对现在西方和中国青年人的相爱和结婚的方式，无权说三道四，只是觉得不大能接受。我自知年已望九，早已属于博物馆中的人物，我力避发九斤老太之牢骚，但有时又如骨鲠在喉不得不一吐为快耳。

1997 年 11 月 22 日

# 谈　孝

　　孝，这个概念和行为，在世界上许多国家中都是有的，而在中国独为突出。中国社会，几千年以来就是一个宗法伦理色彩非常浓的社会，为世界上任何国家所不及。

　　中国人民一向视孝为最高美德。嘴里常说的，书上常讲的三纲五常，又是什么三纲六纪，哪里也不缺少父子这一纲。具体地应该说"父慈子孝"是一个对等的关系。后来不知道是怎么一来，只强调"子孝"，而淡化了"父慈"，甚至变成了"天下无不是的父母"。古书上说："身体肤发，受之父母。"一个人的身体是父母给的，父母如果愿意收回去，也是可以允许的了。

　　历代有不少皇帝昭告人民："以孝治天下"，自己还装模作样，尽量露出一副孝子的形象。尽管中国历史上也并不缺少为了争夺王位导致儿子弑父的记载，野史中这类记载就更多。但那是天子的事，老百姓则是绝对不能允许的。如果发生儿女杀父母的事，皇帝必赫然震怒，处儿女以极刑中的极刑：万剐凌迟。在中国流传时间极长而又极广的所谓"教孝"中，就有一些提倡愚孝的故事，比如王祥卧冰、割股疗疾等都是迷信色彩极浓的故事，产生了不良的影响。

但是中华民族毕竟是一个极富于理性的民族。就在已经被视为经典的《孝经·谏诤章》中，我们可以读到下列的话：

> 昔者天子有诤臣七人，虽无道，不失其天下；诸侯有诤臣五人，虽无道，不失其国；大夫有诤臣三人，虽无道，不失其家；士有诤友，则身不离于令名；父有诤子，则身不陷于不义。故当不义，则子不可以不诤于父，臣不可以不诤于君；故当不义，则诤之，从父之令，又焉得为孝乎？

这话说得多么好哇，多么合情合理呀！这与"天下无不是的父母"这一句话形成了鲜明的对立。后者只能归入愚孝一类，是不足取的。

到了今天，我们应该怎样对待孝呢？我们还要不要提倡孝道呢？据我个人的观察，在时代变革的大潮中，孝的概念确实已经淡化了。不赡养老父老母，甚至虐待他们的事情，时有所闻。我认为，这是不应该的，是影响社会安定团结的消极因素。我们当然不能再提倡愚孝；但是，小时候父母抚养子女，没有这种抚养，儿女是活不下来的。父母年老了，子女来赡养，就不说是报恩吧，也是合乎人情的。如果多数子女不这样做，我们的国家和社会能负担起这个任务来吗？这对我们迫切要求的安定团结是极为不利的。这一点简单的道理，希望当今为子女者三思。

1999 年 5 月 14 日

# 老年

人确实是极为奇怪的动物，往往到了老年，还不承认自己老。我也并非例外。过了还历之年，有人喊自己"季老"，还觉得很刺耳，很不舒服。只是在到了耄耋之年，对这个称呼，才品出来了一点滋味，觉得有点舒服。我在任何方面都是后知后觉。天性如此，无可奈何。

我觉得，在人类前进的极长的历史过程中，每一代人都只是一条链子上的一个环。拿接力赛来作比，每一代人都是从前一代手中接过接力棒，跑完了一棒，再把棒递给后一代人。这就是人生。人生的意义与价值就在于认真负责地完成自己这一棒的任务。做到这一步，就可以心安理得了。古代印度人有人生四阶段的说法，是颇有见地的。

这个道理其实是极为明白易懂的，但是却极少解人。古代有一些人，主要是皇帝老子，梦想长生不老，结果当然是竹篮子打水，一场空。古代和近代，甚至当代，有一些人，到了老年愁这愁那：一方面为子孙积财，甚至不择手段；一方面又为自己的身后着想，修造坟场，筹建祠堂。这是有钱人的事。没有钱的老年人心事更多，想为子孙积攒钱财，又力不从心，捉襟见肘。财积不成，又良心难安。等到大限来到之时，还是两手空空，抱着无限负疚的心情，去见阎罗大王。大概在望乡台上，还是老泪纵横哩。

最近翻看明人笔记，在一本名叫《霏雪录》的书里谈到了一段话，是抄的唐代大诗人白居易的一首自警诗，原诗是：

蚕老茧成不庇身，

蜂饥蜜熟属他人。

须知年老忧家者，

恐似二虫虚苦辛。

诗句明白易懂，道理浅显清楚。在中国历代著名的文人中，白居易活的年龄算是相当老的。他到了老年，有了这样的想法，通脱耐人寻味。这恐怕同他晚年的信仰有关。他信仰佛教，大概又受到了中国传统道教的影响。这一首诗可以帮助我们思考一些问题。

# 谈老年（一）

　　我已经到了望九之年，无论怎样说都只能说是老了。但是，除了眼有点不明，耳有点不聪，走路有点晃悠之外，没有什么老相，每天至少还能工作七八个小时。我没有什么老的感觉，有时候还会有点沾沾自喜。

　　可是我原来并不是这个样子的。

　　我生来就是一个性格内向、胆小怕事的人。我之所以成为现在这样一个人，完全是环境逼迫出来的。我向无大志。小学毕业后，我连报考赫赫有名的济南省立第一中学的勇气都没有，只报了一个"破正谊"。那种"大丈夫当如是也"的豪言壮语，我认为，只有英雄才能有，与我是不沾边的。

　　在寿命上，我也是如此。我的第一本账是最多能活到五十岁，因为我的父母都只活到四十几岁，我绝不会超过父母的。然而，不知道怎么一来，五十之年在我身边倏尔而过，没有留下任何痕迹，我也根本没有想到过。接着是中国老百姓最忌讳的两个年龄：七十三岁，孔子之寿；八十四岁，孟子之寿。这两个年龄也像白驹过隙一般在我身旁飞过，也没有留下任何痕迹，我也根本没有想到过，到了现在，我就要庆祝米寿了。

早在20世纪50年代，我才四十多岁，不知为什么忽发奇想，想到自己是否能活到21世纪。我生于1911年，必须能活到八十九岁才能见到21世纪，而八十九这个数字对于我这个素无大志的人来说，简直就是个天文数字。我阅读中外学术史和文学史，有一个别人未必有的习惯，就是注意传主的生年卒月，我吃惊地发现，古今中外的大学者和大文学家活到九十岁的简直如凤毛麟角。中国宋代的陆游活到八十五岁，可能就是中国诗人之冠了。胆怯如我者，遥望21世纪，遥望八十九这个数字，有如遥望海上三山，山在虚无缥缈间，可望而不可即了。

陈岱孙先生长我十一岁，是世纪的同龄人。当年在清华时，我是外语系的学生，他是经济系主任兼法学院院长，我们可以说是有师生关系。解放后，很长一段时间，我们俩同在全国政协，而且同在社会科学组，我们可以说又成了朋友，成了忘年交。陈先生待人和蔼，处世谨慎，从不说过分过激的话；但是，对我说话，却是相当随便的。他九十岁的那一年，我还不到八十岁。有一天，他对我说："我并没有感到自己老了。"我当时颇有点吃惊，难道九十岁还不能算是老吗？可是，人生真如电光石火，时间真是转瞬即逝，曾几何时，我自己也快到九十岁了。不可能的事情成为可能了,不可信的事情成为可信了。"此中有真意,欲辩已忘言。"奈之何哉!

1999 年 7 月 19 日

# 谈老年（二）

　　即使自己没有老的感觉，但是老毕竟是一个事实。于是，我也就常常考虑老的问题，注意古今中外诗人、学者涉及老的篇章。在这方面，篇章异常多，内容异常复杂。约略言之，可能有以下几种情况，最普遍最常见的是叹老嗟贫，这种态度充斥于文人的文章中和老百姓的俗话中。老与贫皆非人之所愿，然而谁也回天无力，在万般无奈的情况下，只能叹而且嗟，聊以抒发郁闷而已，其次是故作豪言壮语，表面强硬，内实虚弱。最有名的最为人所称誉的曹操的名作：

　　　　老骥伏枥，志在千里。

　　　　烈士暮年，壮心不已。

初看起来气粗如牛，仔细品味，实极空洞。这有点像在深夜里一个人独行深山野林中故意高声唱歌那样，流露出来的正是内心的胆怯。

对老年这种现象进行平心静气的肌擘理分的文章，在中国好像并不多。最近偶尔翻看杂书，读到了两本书，其中有两篇关于老年的文章，合乎我提到的这个标准，不妨介绍一下。

先介绍古罗马西塞罗（公元前106—前43）的《论老年》。他是有名的政治家、演说家和散文家,《论老年》是他的《三论》之一。西塞罗先介绍了一位活到一百零七岁的老人的话："我并没有觉得老年有什么不好。"这就为本文定了调子。接着他说：

> 老年之所以被认为不幸福有四个理由：第一是，它使我们不能从事积极的工作；第二是，它使身体衰弱；第三是，它几乎剥夺了我们所有感官上的快乐；第四是，它的下一步就是死。

他接着分析了这些说法有无道理。他逐项进行了细致的分析，并得出了有积极意义的答复。我在这里只想对第四项做一点补充。老年的下一步就是死，这毫无问题。然而，中国俗话说："黄泉路上无老少。"任何年龄的人都可能死的，也可以说，任何人的下一步都是死。

最后，西塞罗讲到他自己老年的情况。他编纂《史源》第七卷，搜集资料，撰写论文。他接着说：

此外，我还在努力学习希腊文；并且，为了不让自己的记忆力衰退，我仿效毕达哥拉斯派学者的方法，每天晚上把我一天所说的话、所听到或所做的事情再复述一遍……我很少感到自己丧失体力……我做这些事情靠的是脑力，而不是体力。即使我身体很弱，不能做这些事情，我也能坐在沙发上享受想象之乐……因为一个总是在这些学习和工作中讨生活的人，是不会察觉自己老之将至的。

这些话说得多么具体而真实呀。我自己的做法同西塞罗差不多。我总不让自己的脑筋闲着，我总在思考着什么，上至宇宙，下至苍蝇，我无所不想。思考锻炼看似是精神的，其实也是物质的。我之所以不感到老之已至，与此有紧密关联。

1999 年 7 月 20 日

# 谈老年（三）

　　我现在介绍一下法国散文大家蒙田关于老年的看法，蒙田大名鼎鼎，昭如日月。但是，我对他的散文随笔却有与众不同的看法。他的随笔极多，他愿意怎样写，就怎样写，愿停就停，愿起就起，颇符合中国一些评论家的意见。我则认为，文章必须惨淡经营，这样松松散散，是没有艺术性的表现。尽管蒙田的思想十分深刻，入木三分，但是，这是哲学家的事。文学家可以有这种本领，但文学家最关键的本领是艺术性。

　　在《蒙田随笔》中有一篇论西塞罗的文章，意思好像是只说他爱好虚荣，对他的文章则只字未提。《蒙田随笔》三卷集最后一篇随笔是《论年龄》，其中涉及老年。在这篇随笔中，同其他随笔一样，文笔转弯抹角，并不豁亮，有古典，也有"今典"，颇难搞清他的思路。蒙田先讲，人类受大自然的摆布，常遭不测，不容易活到预期的寿命。他说："老死是罕见的、特殊的、非一般的。"这话不易理解。下面他又说道:人的活力二十岁时已经充分显露出来。他还说,人的全部丰功伟业,不管何种何类,不管古今,都是三十岁以前而非以后创立的。这意见,我认为也值得商榷。最后,蒙田谈到老年:"有时是身躯首先衰老,有时也会是心灵。"这是符合实际情况的。

蒙田就介绍到这里。

我在上面说到,古今中外谈老年的诗文极多极多,不可能,也不必一一介绍。在这里,我想,有的读者可能要问:"你虽然不感老之已至,但是你对老年的态度怎样呢?"

这问题问得好,是地方,也是时候,我不妨回答一下。我是曾经死过一次的人。读者诸君,千万不要害怕,我不是死鬼显灵,而是活生生的人。所谓"死过一次",只要读过我的《牛棚杂忆》就能明白,不必再细说。总之,从1967年12月以后,我多活一天,就等于多赚了一天,算到现在,我已经多活了,也就是多赚了30多年了,已经超过了我满意的程度。死亡什么时候来临,对我来说都是无所谓的,我随时准备着开路,而且无悔无恨。我并不像一些魏晋名士那样,表面上放浪形骸,不怕死亡。其实他们的狂诞正是怕死的表现。如果真正认为死亡是微不足道的事,何必费那么大劲装疯卖傻呢?

根据我上面说的那个理由,我自己的确认为死亡是微不足道,极其自然的事。连地球,甚至宇宙有朝一日也会灭亡,戋戋者人类何足挂齿!我是陶渊明的信徒,是听其自然的,"应尽便须尽,无复独多虑!"但是,我还想说明,活下去,我是高兴的。

不过，有一个条件，我并不是为活着而活着。我常说，吃饭为了活着，但活着并不是为了吃饭。我对老年的态度约略如此，我并不希望每个人都跟我抱同样的态度。

1999 年 7 月 21 日

# 老年十忌

我已经在本栏写过谈老年的文章，意犹未尽，再写"十忌"。

忌，就是禁忌，指不应该做的事情。人的一生，都有一些不应该做的事情，这是共性。老年是人生的一个阶段，有一些独特的不应该做的事情，这是特性，老年禁忌不一定有十个。我因受传统的"十全大补""某某十景"之类的"十"字迷的影响，姑先定为十个。将来或多或少，现在还说不准。骑驴看唱本，走着瞧吧。

## 一忌：说话太多

说话，除了哑巴以外，是每人每天必有的行动。有的人喜欢说话，有的人不喜欢，这决定于一个人的秉性，不能强求一律。我在这里讲忌说话太多，并没有"祸从口出"或"金人三缄其口"的含义。说话惹祸，不在话多话少，有时候，一句话就能惹大祸。

口舌惹祸，也不限于老年人，中年和青年都可能由此致祸。

我先举几个例子。

某大学有一位老教授，道德文章，有口皆碑。虽年逾耄耋，而思维敏锐，说话极有条理。不足之处是：一旦开口，就如悬河泄水，滔滔不绝；又如开了闸，再也关不住，水不断涌出。在那个大学里流传着一个传说：在学校召开的会上，某老一开口发言，有的人就退席回家吃饭，饭后再回到会场，某老谈兴正浓。据说有一次博士生答辩会，规定开会时间为两个半小时，某老参加，一口气讲了两个小时，这个会会是什么结果，答辩委员会的主席会有什么想法和措施，他会怎样抓耳挠腮，坐立不安，概可想见了。

另一个例子是一位著名的敦煌画家。他年轻的时候，头脑清楚，并不喜欢说话。一进入老境，脾气大变，也许还有点老年痴呆症的原因，说话既多又不清楚。有一年，在北京国家图书馆新建的大礼堂中召开中国敦煌吐鲁番学会的年会，开幕式必须请此老讲话。我们都知道他有这个毛病，预先请他夫人准备了一个发言稿，简洁而扼要，塞入他的外衣口袋里，再三叮嘱他，念完就退席。然而，他一登上主席台就把此事忘得一干二净，摆开架子，开口讲话，听口气是想从开天辟地起，如果讲到那一天的会议，中间至少有三千年的距离，主席有点沉不住气了。我们连忙采取紧急措施，把他夫人请上台，从他口袋里掏出发言稿，让他照念，然后下台如仪，会议才得以顺利进行。

类似的例子还可以举出一些来，我不再举了。根据我个人的观察，不是每一个老人都有这个小毛病，有的人就没有。我说它是"小毛病"，其实并不小。试问，我上面举出的开会的例子，难道那还不会制造极为尴尬的局面吗？当然，话又说了回来，爱说长话的人并不限于老年，中青年都有，不过以老年为多而已。因此，我编了四句话，奉献给老人：年老之人，血气已衰；煞车失灵，戒之在说。

## 二忌：倚老卖老

50 年代和 60 年代前期，中国政治生活还比较（我只说是"比较"）正常的时候，周恩来招待外宾后，有时候会把参加招待的中国同志在外宾走后留下来，谈一谈招待中有什么问题或纰漏，有点总结经验的意味。这时候刚才外宾在时严肃的场面一变而为轻松活泼，大家都争着发言，谈笑风生，有时候一直谈到深夜。

有一次，总理发言时使用了中国常见的"倚老卖老"这个词儿。翻译一时有点迟疑，不知道怎样恰如其分地译成英文。总理注意到了，于是在客人走后就留下中国同志，议论如何翻译好这个词儿。大家七嘴八舌，最终也没能得出满意的结论。我现在查了两部《汉英词典》，都把这个词儿译为：To take advantage of one's seniority or old age. 意思是利用自己的年老，得到某一些好处，比如脱落形迹之类。我认为基本能令人满意的；但是"达到脱落形迹的目的"，似乎还太狭隘了一点，应该是"达到对自己有利的目的"。

人世间确实不乏"倚老卖老"的人，学者队伍中更为常见。眼前请大家自己去找。我讲点过去的事情，故事就出在清吴敬梓的《儒林外史》中。吴敬梓有刻画人物的天才，着墨不多，而能活灵活现。第十八回，他写了两个时文家。胡三公子请客：

> 四位走进书房，见上面席间先坐着两个人，方巾白须，大模大样，见四位进来，慢慢立起身。严贡生认得，便上前道："卫先生、随先生都在这里，我们公揖。"当下作过了揖，请诸位坐。那卫先生、随先生也不谦让，仍旧上席坐了。

倚老卖老，架子可谓十足。然而本领却并不怎么样，他们的诗，"且夫""尝谓"都写在内，其余也就是文章批语上采下来的几个字眼。一直到今天，倚老卖老、摆老架子的人大都如此。

平心而论，人老了，不能说是什么好事，老态龙钟，惹人厌恶；但也不能说是什么坏事。人一老，经验丰富，识多见广。他们的经验，有时会对个人甚至对国家是有些用处的。但是，这种用处是必须经过事实证明的，自己一厢情愿地认为有用处，是不会取信于人的。另外，根据我个人的体验与观察，一个人，老年人当然也包括在里面，最不喜欢别人瞧不起他。一感觉到自己受了怠慢，心里便不是滋味，甚至怒从心头起，拂袖而去。有时闹得双方都不愉快，甚至结下怨仇。这是完全要不得的。一个人受不受人尊敬，完全决定了你有没有值得别人尊敬的地方。在这里，摆架子，倚老卖老，都是枉然的。

# 三忌：思想僵化

人一老，在生理上必然会老化；在心理上或思想上，就会僵化。此事理之所必然，不足为怪。要举典型，有鲁迅的九斤老太在。

从生理上来看，人的躯体是由血、肉、骨等物质的东西构成的，是物质的东西就必然要变化、老化，以至消逝。生理的变化和老化必然影响心理或思想，这是无法抗御的。但是，变化、老化或僵化却因人而异，并不能一视同仁。有的人早，有的人晚；有的人快，有的人慢。所谓老年痴呆症，只是老化的一个表现形式。

空谈无补于事，试举一标本，加以剖析。远在天边，近在眼前，标本就是我自己。

我已届九旬高龄，古今中外的文人能活到这个年龄者只占极少数。我不相信这是由于什么天老爷、上帝或佛祖的庇佑，而是享了新社会的福。现在，我目虽不太明，但尚能见物；耳虽不太聪，但尚能闻声。看来距老年痴呆和八宝山还有一段距离，我也还没有这样的计划。

但是，思想僵化的迹象我也是有的。我的僵化同别人或许有点不同：它一半自然，一半人为；前者与他人共之，后者则为我所独有。

我不是九斤老太一党，我不但不认为"一代不如一代"，而且确信"雏凤清于老凤声"。可是最近几年来，一批"新人类"或"新新人类"脱颖而出，他们好像是一批外星人，他们的思想和举止令我迷惑不解，惶恐不安。这算不算是自然的思想僵化呢？

至于人为的思想僵化，则多一半是一种逆反心理在作祟。就拿穿中山装来做例子，我留德十年，当然是穿西装的。解放以后，我仍然有时改着西装。可是改革开放以来，不知从哪儿吹来了一股风，一夜之间，西装遍神州大地矣。我并不反对穿西装；但我不承认西装就是现代化的标志，而且打着领带锄地，我也觉得滑稽可笑。于是我自己就"僵化"起来，从此再不着西装，国内国外，大小典礼，我一律蓝色卡其布中山装一袭，以不变应万变矣。

还有一个"化"，我不知道怎样称呼它。世界科技进步，一日千里，没有科技，国难以兴，事理至明，无待赘言。科技给人类带来的幸福，也是有目共睹的。但是，它带来了危害，也无法掩饰。世界各国现在都惊呼环保，环境污染难道不是科技发展带来的吗？犹有进者。我突然感觉到，科技好像是龙虎山张天师镇妖瓶中放出来的妖魔，一旦放出来，你就无法控制。只就克隆技术一端言之，将来能克隆人，指日可待。一旦实现，则人类社会迄今行之有效的法律准则和伦理规范，必遭破坏。将来的人类社会变成什么样的社会呢？我有点不寒而栗。这似乎不尽属于"僵化"范畴，但又似乎与之接近。

# 四忌：不服老

服老，《现代汉语词典》的解释："承认年老"，可谓简明扼要。人上了年纪，是一个客观事实，服老就是承认它，这是唯物主义的态度。反之，不承认，也就是不服老倒迹近唯心了。

中国古代的历史记载和古典小说中，不服老的例子不可胜数，尽人皆知，无须列举。但是，有一点我必须在这里指出来：古今论者大都为不服老唱赞歌，这有点失于偏颇，绝对地无条件地赞美不服老，有害无益。

空谈无补，举几个实例，包括我自己。

1949年春夏之交，解放军进城还不太久，忘记了是出于什么原因，毛泽东的老师徐特立约我在他下榻的翠明庄见面。我准时赶到，徐老当时年已过八旬，从楼上走下，卫兵想去扶他，他却不停地用胳膊肘捣卫兵的双手，一股不服老的劲头至今给我留下了难忘的印象。

再一个例子是北大20年代的教授陈翰笙先生。陈先生生于1896年，跨越了三个世纪，至今仍然健在。他晚年病目失明，但这丝毫也没有影响了他的活动，有会必到。有人去拜访他，他必把客人送到电梯门口。有时还会对客人伸一伸胳膊，踢一踢腿，表示自己有的是劲儿。前几年，每天还安排时间教青年英文，分文不取。这样的不服老我是钦佩的。

也有人过于服老。年不到五十，就不敢吃蛋黄和动物内脏，怕胆固醇增高。这样的超前服老，我是不敢钦佩的。

至于我自己，我先讲一段经历。是在 1995 年，当时我已经达到了八十四岁高龄。然而我却丝毫没有感觉到，不知老之已至，正处在平生写作的第二个高峰中。每天跑一趟大图书馆，几达两年之久，风雪无阻。我已经有点忘乎所以了。一天早晨，我照例四点半起床，到东边那一单元书房中去写作。一转瞬间，肚子里向我发出信号：该填一填它了。一看表，已经六点多了。于是我放下笔，准备回西房吃早点。可是不知是谁把门从外面锁上了，里面开不开。我大为吃惊，回头看到封了顶的阳台上有一扇玻璃窗可以打开。我于是不假思索，立即开窗跳出，从窗口到地面约有一米八高。我一堕地就跌了一个大马趴，脚后跟有点痛。旁边就是洋灰台阶的角，如果脑袋碰上，后果真不堪设想，我后怕起来了。我当天上下午都开了会，第二天又长驱数百里到天津南开大学去做报告。脚已经肿了起来。第三天，到校医院去检查，左脚跟有点破裂。

我这样的不服老，是昏聩糊涂的不服老，是绝对要不得的。

我在上面讲了不服老的可怕，也讲到了超前服老的可笑。然则何去何从呢？我认为，在战略上要不服老，在战术上要服老，二者结合，庶几近之。

## 五忌：无所事事

这是一个比较复杂的问题，必须细致地加以分析，区别对待，不能一概而论。

达官显宦，在退出政治舞台之后，幽居府邸，"庭院深深深几许"，我辈槛外人无法窥知，他们是无所事事呢，还是有所事事，无从谈起，姑存而不论。

富商大贾，一旦钱赚够了，年纪老了，把事业交给儿子、女儿或女婿，他们是怎样度过晚年的，我们也不得而知，我们能知道的只是钞票不能拿来炒着吃。这也姑且存而不论。

说来说去，我所能够知道的只是工、农和知识分子这些平头老百姓。中国古人说："一事不知，儒者之耻。"今天，我这个"儒者"却无论如何也没有胆量说这样的大话。我只能安分守己，夹起尾巴来做人，老老实实地只谈论老百姓的无所事事。

我曾到过承德，就住在避暑山庄对面的一个旅馆里。每天清晨出门散步，总会看到一群老人，手提鸟笼，把笼子挂在树枝上，自己则分坐在山庄门前的石头上，"闲坐说玄宗"。一打听，才知道他们多是旗人，先人是守卫山庄的八旗兵，而今老了，无所事事，只有提鸟笼子。试思：他们除了提鸟笼子外还能干什么呢？他们这种无所事事，不必探究。

北大也有一批退休的老工人，每日以提鸟笼为业。过去他们常聚集在我住房附近的一座石桥上，鸟笼也是挂在树枝上，笼内鸟儿放声高歌，清脆嘹亮。我走过时，也禁不住驻足谛听，闻而乐之。这一群工人也可以说是无所事事，然而他们又怎样能有所事事呢？

现在我只能谈我自己也是其中一分子，因而我最了解情况的知识分子。国家给年老的知识分子规定了退休年龄，这是合情合理的，应该感激的。但是，知识分子行当不同，身体条件也不相同。是否能做到老有所为，完全取决于自己，不取决于政府。自然科学和技术，我不懂，不敢瞎说。至于人文社会科学，则我是颇为熟悉的。一般说来，社会科学的研究不靠天才火花一时的迸发，而靠长期积累。一个人到了六十多岁退休的关头，往往正是知识积累和资料积累达到炉火纯青的时候。一旦退下，对国家和个人都是一个损失。有进取心有干劲者，可能还会继续干下去的。可是大多数人则无所事事。我在南北几个大学中都听到了有关"散步教授"的说法，就是一个退休教授天天在校园里溜达，成了全校著名的人物。我没同"散步教授"谈过话，不知道他们是怎样想的。估计他们也不会很舒服。锻炼身体，未可厚非。但是，整天这样"锻炼"，不也太乏味太单调了吗？学海无涯，何妨再跳进去游泳一番，再扎上两个猛子，不也会身心两健吗？蒙田说得好："如果不让大脑有事可做，有所制约，它就会在想象的旷野里驰骋，有时就会迷失方向。"

## 六忌：提当年勇

我做了一个梦。

我驾着祥云或别的什么云，飞上了天宫，在凌霄宝殿多功能厅里，参加了一个务虚会。第一个发言的是项羽。他历数早年指挥雄师数十万，横行天下，各路诸侯皆俯首称臣，他是诸侯盟主，颐指气使，没有敢违抗者。鸿门设宴，吓得刘邦像一只小耗子一般。说到尽兴处，手舞足蹈，唾沫星子乱溅。这时忽然站起来了一位天神，问项羽：四面楚歌、乌江自刎是怎么一回事呀？项羽立即垂下了脑袋，仿佛是一个泄了气的皮球。

第二个发言的是吕布，他手握方天画戟，英气逼人。他放言高论，大肆吹嘘自己怎样戏貂蝉，杀董卓，为天下人民除害；虎牢关力敌关、张、刘三将，天下无敌。正吹得眉飞色舞，一名神仙忽然高声打断了他的发言："白门楼上向曹操下跪，恳求饶命，大耳贼刘备一句话就断送了你的性命，是怎么一回事呢？"吕布面色立变，流满了汗，立即下台，像一只斗败了的公鸡。

第三个发言的是关羽。他久处天宫，大地上到处都有关帝庙，房子多得住不过来。他威仪俨然，放不下神架子。但发言时，一谈到过五关斩六将，用青龙偃月刀挑起曹操捧上的战袍时，便不禁圆睁丹凤眼，猛抖卧蚕眉，兴致淋漓，令人肃然。但是又忽然站起了一位天官，问道："夜走麦城是怎么一回事呢？"关公立即放下神架子，神色仓皇，脸上是否发红，不得而知，因为他的脸本来就是红的。他跳下讲台，在天宫里演了一出夜走麦城。

我听来听去，实在厌了，便连忙驾祥云回到大地上，正巧落在绍兴，又正巧阿Q被小D抓住辫子往墙上猛撞，阿Q大呼："我从前比你阔得多了！"可是小D并不买账。

谁一看都能知道，我的梦是假的。但是，在芸芸众生中，特别是在老年中，确有一些人靠自夸当年勇来过日子。我认为，这也算是一种自然现象。争胜好强也许是人类的一种本能。但一旦年老，争胜有心，好强无力，便难免产生一种自卑情结。

可又不甘心自卑，于是只有自夸当年勇一途，可以聊以自慰。对于这种情况，别人是爱莫能助的。"解铃还须系铃人"，只有自己随时警惕。

现在有一些得了世界冠军的运动员有一句口头禅：从零开始。意思是，不管冠军或金牌多么灿烂辉煌，一旦到手，即成过去，从现在起又要从零开始了。

我觉得，从零开始是唯一正确的想法。

# 七忌：自我封闭

这里专讲知识分子，别的界我不清楚。但是，行文时也难免涉及社会其他阶层。

中国古人说："人生识字忧患始。"其实不识字也有忧患。道家说，万物方生方死。人从生下的一刹那开始，死亡的历程也就开始了。这个历程可长可短，长可能到100年或者更长，短则几个小时、几天。少年夭折者有之，英年早逝者有之，中年弃世者有之，好不容易，跌跌撞撞，坎坎坷坷，熬到了老年，早已心力交瘁了。

能活到老年，是一种幸福，但也是一种灾难。并不是每一个人都能活到老年，所以说是幸福；但是老年又有老年的难处，所以说是灾难。

老年人最常见的现象或者灾难是自我封闭。封闭，有行动上的封闭，有思想感情上的封闭，形式和程度又因人而异。老年人有事理广达者，有事理欠通达者。前者比较能认清宇宙万物以及人类社会发展的规律，了解到事物的改变是绝对的，不变是相对的，千万不要要求事物永恒不变。后者则相反，他们要求事物永恒不变；即使变，也是越变越坏，上面讲到的九斤老太就属于此类人。这一类人，即使仍然活跃在人群中，但在思想感情方面，他们却把自己严密地封闭起来了。这是最常见的一种自我封闭的形式。

空言无益，试举几个例子。

我在高中读书时，有一位教经学的老师，是前清的秀才或举人。"五经"和"四书"背得滚瓜烂熟，据说还能倒背如流。他教我们《书经》和《诗经》，从来不带课本，业务是非常熟练的。

可学生并不喜欢他。因为他张口闭口："我们大清国怎样怎样。"学生就给他起了一个诨名"大清国"，他真实的姓名反隐而不彰了。我们认为他是老顽固，他认为我们是新叛逆。我们中间不是代沟，而是万丈深渊，是他把自己完全封闭起来了。

再举一个例子。我有一位老友，写过新诗，填过旧词，毕生研究中国文学史，都达到了相当高的水平。他为人随和，性格开朗，并没有什么乖僻之处。可是，到了最近几年，突然产生了自我封闭的现象，不参加外面的会，不大愿意见人，自己一个人在家里高声唱歌。我曾几次以老友的身份，劝他出来活动活动，他都婉言拒绝。他心里是怎样想的，至今对我还是一个谜。

我认为，老年人不管有什么形式的自我封闭现象，都是对个人健康不利的。我奉劝普天下老年人力矫此弊。同青年人在一起，即使是"新新人类"吧，他们身上的活力总会感染老年人的。

## 八忌：叹老嗟贫

叹老嗟贫，在中国的读书人中，是常见的现象，特别是所谓怀才不遇的人们中，更是特别突出。我们读古代诗文，这样的内容随时可见。在现代的知识分子中，这种现象比较少见了，难道这也是中国知识分子进化或进步的一种表现吗？

我认为，这是一个十分值得研究的课题。它是中国知识分子学和中西知识分子比较学的重要内容。

我为什么又拉扯上了西方知识分子呢？因为他们与中国的不同，是现成的参照系。

西方的社会伦理道德标准同中国不同，实用主义色彩极浓。一个人对社会有能力做贡献，社会就尊重你。一旦人老珠黄，对社会没有用了，社会就丢弃你，包括自己的子孙也照样丢弃了你，社会舆论不以为忤。当年我在德国哥廷根时，章士钊的夫人也同儿子住在那里，租了一家德国人的三楼居住。我去看望章伯母时，走过二楼，经常看到一间小屋关着门，门外地上摆着一碗饭，一丝热气也没有。我最初认为是喂猫或喂狗用的。后来一打听，才知道是给小屋内卧病不起的母亲准备的饭菜。同时，房东还养了一条大狼狗，一天要吃一斤牛肉。这种天上人间的情况无人非议，连躺在小屋内病床上的老太太大概也会认为所有这一切都是顺理成章的吧。

在这种狭隘的实用主义大潮中，西方的诗人和学者极少极少写叹老嗟贫的诗文。同中国比起来，简直不成比例。

在中国，情况则大大地不同。中国知识分子一向有"学而优则仕"的传统。过去一千多年以来，仕的途径只有一条，就是科举。"千军万马过独木桥"，所有的读书人都拥挤在这一条路上，从秀才——举人向上爬，爬到进士参加殿试，僧多粥少，极少数极幸运者可以爬完全程，"仕宦而至将相，富贵而归故乡"，达到这个目的的万中难得一人。大家只要读一读《儒林外史》，便一目了然。在这样的情况下，倘若科举不利，老而又贫，除了叹老嗟贫以外，实在无路可走了。古人说："诗必穷而后工"，其中"穷"字也有科举不利这个含义。古代大官很少有好诗文传世，其原因实在耐人寻味。

今天，时代变了。但是"学而优则仕"的幽灵未泯，学士、硕士、博士、院士代替了秀才、举人、进士、状元。骨子里并没有大变。在当今知识分子中，一旦有了点成就，便立即戴上一顶乌纱帽，这现象难道还少见吗？

今天的中国社会已能跟上世界潮流，但是，封建思想的残余还不容忽视。我们都要加以警惕。

## 九忌：老想到死

好生恶死，为所有生物之本能。我们只能加以尊重，不能妄加评论。

作为万物之灵的人，更是不能例外。俗话说："黄泉路上无老少。"可是人一到了老年，特别是耄耋之年，离那个长满了野百合花的地方越来越近了，此时常想到死，更是非常自然的。

今人如此，古人何独不然！中国古代的文学家、思想家、骚人、墨客大都关心生死问题。根据我个人的思考，各个时代是颇不相同的。两晋南北朝时期似乎更为关注。粗略地划分一下，可以分为三派。第一派对死十分恐惧，而且十分坦荡地说了出来。这一派可以江淹为代表。他的《恨赋》一开头就说："试望平原，蔓草萦骨，拱木敛魂。人生到此，天道宁论。"最后几句话是："自古皆有死。莫不饮恨而吞声！"话说得再清楚不过了。

第二派可以"竹林七贤"为代表。《世说新语·任诞等二十三》第一条就讲到阮籍、嵇康、山涛、刘伶、阮咸、向秀和王戎"常集于竹林之中，肆意酣畅"。这是一群酒徒。其中最著名的刘伶命人荷锹跟着他，说："死便埋我！"对死看得十分豁达。实际上，情况正相反，他们怕死怕得发抖，聊作姿态以自欺欺人耳。其中当然还有逃避残酷的政治迫害的用意。

第三派可以陶渊明为代表。他的意见具见他的诗《神释》中。诗中有这样的话："老少同一死，贤愚无复数。日醉或能忘，将非促龄具！立善常所欣，谁当为汝誉？甚念伤吾生，正宜委运去。纵浪大化中，不喜亦不惧。应尽便须尽，无复独多虑。"他反对醉酒麻醉自己，也反对常想到死。我认为，这是最正确的态度。最后四句诗成了我的座右铭。

我在上面已经说到，老年人想到死，是非常自然的。关键是：想到以后，自己抱什么态度。惶惶不可终日，甚至饮恨吞声，最要不得，这样必将成陶渊明所说的"促龄具"。最正确的态度是顺其自然，泰然处之。

鲁迅不到五十岁，就写了有关死的文章。王国维则说："五十之年，只欠一死。"结果投了昆明湖。我之所以能泰然处之，有我的特殊原因。"十年浩劫"中，我已走到过死亡的边缘上，一个千钧一发的偶然性救了我。从那以后，多活一天，我都认为是多赚的。因此就比较能对死从容对待了。

我在这里诚挚奉劝普天之下的年老又通达事情的人，偶尔想一下死，是可以的，但不必老想。我希望大家都像我一样，以陶渊明《神释》诗最后四句为座右铭。

## 十忌：愤世嫉俗

愤世嫉俗这个现象，没有时代的限制，也没有年龄的限制。古今皆有，老少具备，但以年纪大的人为多。它对人的心理和生理都有很大的危害，也不利于社会的安定团结。

世事发生必有其因。愤世嫉俗的产生也自有其原因。归纳起来，约有以下诸端：

首先，自古以来，任何时代，任何朝代，能完全满足人民大众的愿望者，绝对没有。不管汉代的文景之治怎样美妙，唐代的贞观之治和开元之治怎样理想，宫廷都难免腐败，官吏都难免贪污，百姓就因而难免不满，其尤甚者就是愤世嫉俗。

其次，"学而优则仕"达不到目的，特别是科举时代名落孙山者，人不在少数，必然愤世嫉俗。这在中国古代小说中可以找出不少的典型。

再次，古今中外都不缺少自命天才的人。有的真有点天才或者才干，有的则只是个人妄想，但是别人偏不买账，于是就愤世嫉俗。其尤甚者，如西方的尼采要"重新估定一切价值"，又如中国的徐文长。结果无法满足，只好自己发了疯。

最后，也是最常见的，对社会变化的迅猛跟不上，对新生事物看不顺眼，是九斤老太一党；九斤老太不识字，只会说："一代不如一代"，识字的知识分子，特别是老年人，便表现为愤世嫉俗，牢骚满腹。

以上只是一个大体的轮廓，不足为据。

在中国文学史上，愤世嫉俗的传统，由来已久。《楚辞》的"黄钟毁弃，瓦釜雷鸣"等语就是最早的证据之一。以后历代的文人多有愤世嫉俗之作，形成了知识分子性格上的一大特点。

我也算是一个知识分子，姑以我自己为麻雀，加以剖析。愤世嫉俗的情绪和言论，我也是有的。但是，我又有我自己的表现方式。我往往不是看到社会上的一些不正常现象而牢骚满腹，怪话连篇，而是迷惑不解，惶恐不安。我曾写文章赞美过代沟，说代沟是人类进步的象征。这是我真实的想法。可是到了目前，我自己也傻了眼，横亘在我眼前的像我这样老一代人和一些"新人类""新新人类"之间的代沟，突然显得其阔无限，其深无底，简直无法逾越了，仿佛把人类历史断成了两截。我感到恐慌，我不知道这样发展下去将伊于胡底。我个人认为，这也是愤世嫉俗的一种表现形式，是要不得的；可我一时又改变不过来，为之奈何！

我不知道，与我想法相同或者相似的有没有人在，有的话，究竟有多少人。我想来想去，觉得还是毛泽东的两句诗好："牢骚太盛防肠断，风物常宜放眼量。"

2000 年 2 月 22 日

# 老马识途

无论是在文章中，还是在口头上，"老马识途"是常常使用的一个典故。由于使用的频率颇高，因此而变成了一句俗语。

这个典故的出处是《韩非子·说林上》，与管仲和齐桓公有关。有一次，齐桓公伐孤竹，"春往冬反，迷惑失道。管仲曰：'老马之智可用也。'乃放老马而随之，遂得道。"不管历史事实怎样，老马的故事是绝对可信的。不但马能识途，连驴、骡、猫、狗等动物都有识途的本领或者本能。

但是，切不可迷信。

在古代，老马等之所以能够识途，因为它们老走同一条道路，而古代道路的变化很少，道路两旁的建筑物变化也不会大。久而久之，这些牲畜们就记住了。只要把缰绳放开，让它们自由行动,它们必然能找到回家的道路。也许这些牲畜们还有什么"特异功能",我没有研究过,暂且不说。

但是,人类社会前进的速度越来越快,道路和建筑物的变化也越来越大。到了今天,简直一日数变。住在大城市里的人,三天不出门,再一出门,就有可能认不清街道。原来是一片空地,现在却像幻术一样,突然矗立在你的眼前的是一座摩天高楼。原来是一条羊肠小道,现在却突然变成了一条柏油马路。会晕头转向,这不必说了。即使老马一流的动物真有"特异功能",也将无所用其技了。

我就有一个亲身的经验。有一天,我走出北大南门到黄庄邮局去,我在海淀已经住了将近半个世纪,是这里的一匹地地道道的"老马"。我也颇有自信,即使把我的眼蒙住,我也能够找回家来。然而,这一回我却出了丑,现了眼。我走了一条新路,一走出去,是一条大马路,车如流水马如龙。我一时傻了眼:这是什么地方呀?我的黄庄在哪里呀!我一时目眩口呆,只觉得天昏地转,大有白天"鬼挡墙"之感。我好不容易定了定神,猛抬头看到马路上驶过去的332路公共汽车,我才如梦方醒,终于安全地走回到了学校。

像我这样一匹"老马",脑筋是"难得糊涂"的,眼耳都还能准确地使用,然而在距北大咫尺之地竟然栽了这样一个跟头,这个跟头在我心中摔出了一个"顿悟"。我悟到,千万不要再迷信老马识途，千万不要在任何方面，包括研究学问方面以老马自居。到了现在，我觉得倒是"小马识途"。因为年轻人无所蔽，无所惧，常常出门，什么摩天大楼，什么柏油马路，在他们眼中都很平常。

我们这些"老马"千万要向"小马"学习。

# 一寸光阴不可轻

　　中华乃文章大国，北大为人文渊薮，二者实有密不可分的联系，倘机缘巧遇，则北大必能成为产生文学家的摇篮。五四运动时期是一个具体的例证，最近几十年来又是一个鲜明的例证。在这两个时期的中国文坛上，北大人灿若列星。这一个事实我想人们都会承认的。

　　最近若干年来，我实在忙得厉害，像50年代那样在教书和搞行政工作之余还能有余裕的时间读点当时的文学作品的"黄金时代"一去不复返了。不过，幸而我还不能算是一个懒汉，在"内忧""外患"的罅隙里，我总要挤出点时间来，读一点北大青年学生的作品。《校刊》上发表的文学作品，我几乎都看。前不久我读到《北大往事》，这是北大70、80、90三个年代的青年回忆和写北大的文章。其中有些篇思想新鲜活泼，文笔清新俊逸，真使我耳目为之一新。中国古人说："雏凤清于老凤声。"

我——如果大家允许我也在其中滥竽一席的话——和我们这些"老凤",真不能不向你们这一批"雏凤"投过去羡慕和敬佩的眼光了。

但是，中国古人又说："满招损，谦受益。"我希望你们能够认真体会这两句话的含义。"倚老卖老"，固不足取，"倚少卖少"也同样是值得青年人警惕的。天下万事万物，发展永无穷期。人外有人，天外有天，"老子天下第一"的想法是绝对错误的。你们对我们老祖宗遗留下来的浩如烟海的文学作品必须有深刻的了解。最好能背诵几百首旧诗词和几十篇古文，让它们随时含蕴于你们心中，低吟于你们口头。这对于你们的文学创作和人文素质的提高，都会有极大的好处。不管你们现在或将来是教书、研究、经商、从政，或者是专业作家，都是如此，概莫能外。对外国的优秀文学作品，也必实下一番功夫，简练揣摩。这对你们的文学修养是绝不可少的。如果能做到这一步，则你们必然能融会中西、贯通古今，创造出更新更美的作品。

宋代大儒朱子有一首诗，我觉得很有针对性，很有意义，我现在抄给大家：


少年易老学难成，

一寸光阴不可轻。

未觉池塘春草梦，

阶前梧叶已秋声。

这一首诗，不但对青年有教育意义，对我们老年人也同样有教育意义。文字明白如画，用不着过多的解释。光阴，对青年和老年，都是转瞬即逝，必须爱惜。"一寸光阴一寸金，寸金难买寸光阴"，这是我们古人留给我们的两句意义深刻的话。

你们现在是处在"燕园幽梦"中，你们面前是一条阳关大道，是一条铺满了鲜花的阳关大道。你们要在这条大道上走上六十年、七十年、八十年，或者更多的年，为人民，为人类做出出类拔萃的贡献。但愿你们永不忘记这一场燕园梦，永远记住自己是一个北大人，一个值得骄傲的北大人，这个名称会带给你们美丽的回忆，带给你们无量的勇气，带给你们奇妙的智慧，带给你们悠远的憧憬。有了这些东西，你们就会自强不息，无往不利，不会虚度此生。这是我的希望，也是我的信念。

1998 年 5 月 3 日

（本文是为《燕园幽梦》写的序）

# 我们面对的现实

我们面对的现实，多种多样，很难一一列举。现在我只谈两个：第一，生活的现实；第二，学术研究的现实。

## 生活的现实

生活，人人都有生活，它几乎是一个广阔无垠的概念。在家中，天天开门七件事：柴、米、油、盐、酱、醋、茶，人人都必须有的。这且不表。要处理好家庭成员的关系，不在话下。在社会上，就有了很大的区别。当官的，要为人民服务，当然也盼指日高升。大款们另有一番风光，炒股票、玩期货，一夜之间成了暴发户，腰缠十万贯，"春风得意马蹄疾，一日看遍长安花"。当然，一旦破了产，跳楼自杀，有时也在所难免。我辈书生，青灯黄卷，兀兀穷年，有时还得爬点格子，以济工资之穷。至于引车卖浆者流，只有拼命干活，才得糊口。

这都是我们必须面对的生活。我们必须黾勉从事，过好这个日子（生活），自不待言。

但是，如果我们把眼光放远一点，把思虑再深化一点，想一想全人类的生活，你感觉到危险性了没有？也许有人感到，我们这个小小寰球并不安全。有时会有地震，有时会有天灾，刀兵水火，疾病灾殃，说不定什么时候就会驾临你的头上，躲不胜躲，防不胜防。对策只有一个：顺其自然，尽上人事。

如果再把眼光放得更远，让思虑钻得更深，则眼前到处是看不见的陷阱。我自己也曾幼稚过一阵。我读东坡《（前）赤壁赋》："唯江上之清风，与山间之明月，耳得之而为声，目遇之而成色。取之不尽，用之不竭。是造物者之无尽藏也，而我与子之所共适。"我深信苏子讲的句句是真理。然而，到了今天，江上之风还清吗？山间之月还明吗？谁都知道，由于大气的污染，风早已不清，月早已不明了。与此有联系的还有生态平衡的破坏，动植物品种的灭绝，新疾病的不断出现，人口的爆炸，臭氧层出了洞，自然资源——其中包括水——的枯竭，如此等等，不一而足。我们人类实际上已经到了"盲人骑瞎马，夜半临深池"的地步。令人吃惊的是，虽然有人已经注意到了这个现象，但并没有提高到与人类生存前途挂钩的水平，仍然只是头痛治头、脚痛治脚。还有人幻想用西方的"科学"来解救这一场危机。我认为，这是不太可能的，这一场灾难主要就是西方"征服自然"的"科学"造成的。西方科学优秀之处，必须继承；但是必须从根本上、从思想上解决问题，以东方的"民胞物与"的"天人合一"的思想济西方"科学"之穷。人类前途，庶几有望。

## 学术研究的现实

对我辈知识分子来说，除了生活的现实之外，还有一个学术研究的现实。我在这里重点讲人文社会科学，因为我自己是搞这一行的。

文史之学，中国和欧洲都已有很长的历史。因两处具体历史情况不同，所以发展过程不尽相同。但是总的研究对象和研究方法多有相通之处，对象大都是古典文献。就中国而论，由于字体屡变，先秦典籍的传抄工作不能不受到影响。但是，读书必先识字，此《说文解字》之所以必做也。新材料的出现，多属偶然。地下材料，最初是"地不爱宝"，它自己把材料贡献出来的，有目的有意识的发掘工作是后来兴起的。盗墓者当然是例外。至于社会调查，古代不能说没有，采风就是调查形式之一。有计划有组织有目的的社会调查工作，也是晚起的，恐怕还是多少受了点西方的影响。

古代文史工作者用力最勤的是记诵之学。在科举时代，一个举子必须能背"四书""五经"，这是起码的条件。否则连秀才也当不上，遑论进士！扩而大之，要背诵十三经，有时还要连上注疏。至于传说有人能倒背十三经，对于我至今还是个谜，一本书能倒背吗？背了有什么用处呢？

社会不断前进，先出了一些类似后来索引的东西，系统的科学的索引，出现最晚，恐怕也是受西方的影响，有人称之为"引得"（index），显然是舶来品。

但是，不管有没有索引，索引详细不详细，我们研究一个题目，总要先积累资料，而积累资料，靠记诵也好，靠索引也好，都是十分麻烦、十分困难的。有时候穷年累月，滴水穿石，才能勉强凑足够写一篇论文的资料，有一些资料可能还是可遇而不可求的。写文章之难真是难于上青天。

然而，石破天惊，电脑出现了，许多古代典籍逐渐输入电脑了，不用一举手一投足之劳，只须发一命令，则所需的资料立即呈现在你的眼前，一无遗漏。岂不痛快也哉！

这就是眼前我们面对的学术现实。最重要最困难的搜集资料工作解决了，岂不是人人皆可以为大学者了吗？难道我们还不能把枕头垫得高高地"高枕无忧"了吗？

我说："且慢！且慢！我们的任务还并不轻松！"我们面临这一场大的转折，先要调整心态。对电脑赐给我们的资料，要加倍细致地予以分析使用。还有没有输入电脑的书，仍然需要我们去翻检。

# 用历史的眼光看待
## 一切问题

最近几年，杨武能同志专门从事中德文化关系的研究，卓有成绩。现在又写成了一部《歌德与中国》，真可以说是更上一层楼了。

我个人觉得，这样一本书，无论是对中国读者，还是对德国读者，都是非常有意义的，它都能起到发聋振聩的作用，一个民族、一个人也一样，了解自己是非常不容易的。中国这样一个伟大的民族也不例外。在鸦片战争以前，我们根本不了解自己，也不了解世界大势，昏昏然，懵懵然，盲目狂妄自大，以王朝大国自居，夜郎之君、井底之蛙，不过如此。现在读一读当时中国皇帝写给欧洲一些国家的君主的所谓诏书，那种口吻，那种气派，真令人啼笑皆非又不禁脸上发烧、心里发抖。

鸦片战争以后，中国的统治者，在殖民主义者面前，节节败退，碰得头破血流，中国人最重视的所谓"面子"，丢得一干二净。他们于是来了一个一百八十度的大转变，一变而向"洋鬼子"低首下心，奴颜婢膝，甚至摇尾乞怜。上行下效，老百姓也受了影响，流风所及，至今尚余音袅袅，不绝如缕。鲁迅先生发出了"中国人失掉自信力了吗"的慨叹，良有以也。

怎样来改变这种情况呢？端在启蒙。应该让中国人民从上到下都能真正了解自己、了解历史、了解世界大势，真正了解我们民族的过去和现在，看待一切问题，都要有历史眼光。中国人民在世界人民心目中的地位，并不总是像解放前一百来年那个样子的。我个人认为，鸦片战争是一个转折点，在这之前，西方人看待中国同那以后是根本不同的。在那以前，西方人认为中国是智慧之国、文化之邦，中国的一切都是美好的，令人神往的。从17、18世纪欧洲一些伟大的哲人的著作中，可以清清楚楚地看到这一点。从德国伟大的诗人歌德的著作中，也可以清清楚楚地看到这一点。杨武能同志在本书中详尽地介绍了这种情况。

这充分告诉我们，特别是今天的年轻人，看待自己要有全面观点、历史观点、辩证观点。盲目自大，为我们所不取；盲目地妄自菲薄，也绝不是正当的。我们今天讲开放，是完全正确的，但是，我们对西方的东西应该有鉴别的能力，应该能够分清玉石与土块、鲜花与莠草，不能一时冲动，大喊什么"全盘西化"，认为西方什么东西都是好的。西方有好东西，我们必须学习。但是，一切闪光的东西不都是金子。难道西方所有的东西，包括可口可乐、牛仔裤之类，都是好得不能再好、不可须臾离开的东西吗？过去流行一时的喇叭裤现在到哪里去了呢？我们今天的所思、所感、所做、所为应该能经得起历史的考验。千万不要重蹈覆辙，在若干年以后，回头再看今天觉得滑稽可笑。我在这里大胆地说出一个预言：到了2050年我国达到小康水平时，回顾今天，一定会觉得今天有一些措施不够慎重，是在一时冲动之下采取的。我自己当然活不到2050年，但愿我的预言不会实现。

这一本书对德国以及西方其他国家的读者怎样呢？我认为也同样能起发聋振聩的作用。有一些德国人——不是全体——看待旧中国，难免有意无意地戴上殖民主义的眼镜。总觉得中国落后，这也不行，那也不好，好像是中国一向如此，而且将来也永远如此。现在看一看他们最伟大的诗人是怎样对待中国的，怎样对待中国文化和文学艺术的，会促使他们反思，从而学会用历史眼光看待中国，看待一切。这样就能大大地增强中德的互相了解和友谊。这一点是可以断言的。

基于上面的看法，我说，杨武能同志这一本书是非常有意义的。难道不是这样吗？是为序。

1987年11月30日

（本文是为《歌德与中国》写的序言）

# 真理愈辩愈明吗

学者们常说："真理愈辩愈明。"我也曾长期虔诚地相信这一句话。

但是，最近我忽然大彻大悟，觉得事情正好相反，真理是愈辩愈糊涂。

我在大学时曾专修过一门课"西洋哲学史"。后来又读过几本《中国哲学史》和《印度哲学史》。我逐渐发现，世界上没有哪两个或多个哲学家的学说完全是一模一样的。有如大自然中的树叶，没有哪几个是绝对一样的。有多少树叶就有多少样子。在人世间，有多少哲学就有多少学说。每个哲学家都认为自己掌握了真理。有多少哲学家就有多少真理。

专以中国哲学而论，几千年来，哲学家们不知创造了多少理论和术语。表面上看起来，所用的中国字都是一样的；然而哲学家们赋予这些字的含义却不相同。比如，韩愈的《原道》

文化交流
中学西渐
发扬和谐
全球共暖

季羡林
乙酉

季羡林先生书法作品

是脍炙人口、家喻户晓的。文章开头就说："博爱之谓仁，行而宜之之谓义，由是而之焉之谓道，足乎己无待于外之谓德。"韩愈大概认为，仁、义、道、德就代表了中国的"道"。他的解释简单明了，一看就懂。然而，倘一翻《中国哲学史》，则必能发现，诸家对这四个字的解释多如牛毛，各自自是而非他。

哲学家们辨（分辨）过没有呢？他们辩（辩论）过没有呢？他们既"辨"又"辩"。可是结果怎样呢？结果是让读者如堕入五里雾中，眼花缭乱，无所适从。我顺手举两个中国过去辨和辩的例子。一个是《庄子·秋水》："庄子与惠子游于濠梁之上。庄子曰：'鲦鱼出游从容，是鱼之乐也。'惠子曰：'子非鱼，安知鱼之乐？'庄子曰：'子非我，安知我不知鱼之乐？'"我觉得，惠施还可以答复："子非我，安知我不知子不知鱼之乐？"这样辩论下去，一万年也得不到结果。

还有一个辩论的例子是取自《儒林外史》："丈人说：'你赊了猪头肉的钱不还，也来问我要，终日吵闹这事，哪里来的晦气！'陈和甫的儿子道：'老爹，假如这猪头肉是你老人家自己吃了，你也要还钱？'丈人道：'胡说！我若吃了，我自然还。这都是你吃的！'陈和甫儿子道：'设或我这钱已经还过老爹，老爹用了，而今也要还人？'丈人道：'放屁！你是该人的钱，怎是我用的钱，怎是我用你的？'陈和甫儿子道：'万一猪不生这个头，难道他也来问我要钱？'"

以上两个辩论的例子，恐怕大家都是知道的。庄子和惠施都是诡辩家。《儒林外史》是讽刺小说。要说这两个对哲学辩论有普遍的代表性，那是言过其实。但是，倘若你细读中外哲学家"辨"和"辩"的文章，其背后确实潜藏着与上面两个例子类似的东西。这样的"辨"和"辩"能使真理愈辩愈明吗？戛戛乎难矣哉！

哲学家同诗人一样，都是在作诗。作不作由他们，信不信由你们。这就是我的结论。

1997 年 10 月 2 日

# 我害怕『天才』

人类的智商是不平衡的，这种认识已经属于常识的范畴，无人会否认的。不但人类如此，连动物也不例外。我在乡下观察过猪，我原以为这蠢然一物，智商都一样，无所谓高低的。然而事实上猪们的智商颇有悬殊。我喜欢养猫，经我多年的观察，猫们的智商也不平衡，而且连脾气都不一样，颇使我感到新奇。

猪们和猫们有没有天才，我说不出。专就人类而论，什么叫作"天才"呢？我曾在一本书里或一篇文章里读到过一个故事。某某数学家，在玄秘深奥的数字和数学符号的大海里游泳，如鱼得水，圆融无碍。别人看不到的问题，他能看到；别人解答不了的方程式之类的东西，他能解答。于是众人称之为"天才"。但是，一遇到现实生活中的问题，他的智商还比不了一个小学生。比如猪肉三角三分一斤，五斤猪肉共值多少钱呢？他瞠目结舌，无言以对。

因此，我得出一个结论：天才即偏才。

在中国文学史或艺术史上，常常有几绝的说法。最多的是"三绝"，指的是诗、书、画三绝。所谓绝，就是超越常人，用一个现成的词儿，就是"天才"。可是，如果仔细分析起来，这个人在几绝中只有一项，或者是两项是真正的绝，为常人所不能及，其他几绝都是为了凑数凑上去的。因此，所谓"三绝"或几绝的"天才"，其实也是偏才。

可惜古今中外参透这一点的人极少极少，更多的是自命"天才"的人。这样的人老中青都有。他们仿佛是从菩提树下金刚台上走下来的如来佛，开口便昭告天下："天上天下，唯我独尊。"这种人最多是在某一方面稍有成就，便自命不凡起来，看不起所有的人，一副"天才"气，催人欲呕。这种人在任何团体中都不能团结同仁，有的竟成为害群之马。从前在某个大学中有一位年轻的历史教授，自命"天才"，瞧不起别人，说这个人是"狗蛋"，那个人是"狗蛋"。结果是投桃报李，群众联合起来，把"狗蛋"的尊号恭呈给这个人，他自己成了"狗蛋"。

这样的人在当今社会上并不少见，他们成为社会上不安定的因素。

蒙田在一篇名叫《论自命不凡》的随笔中写道：

> 对荣誉的另一种追求，是我们对自己的长处评价过高。这是我们对自己怀有的本能的爱，这种爱使我们把自己看得和我们的实际情况完全不同。

我决不反对一个人对自己本能的爱。应该把这种爱引向正确的方向。如果把它引向自命不凡，引向自命"天才"，引向傲慢，则会损己而不利人。

我害怕的就是这样的"天才"。

1999 年 7 月 25 日

# 学术良心或学术道德

　　"学术良心"，好像以前还没有人用过这样一个词，我就算是"始作俑者"吧。但是，如果"良心"就是儒家孟子一派所讲的"人之初，性本善"中的"性"的话，我是不信这样的"良心"的。人和其他生物一样，其"性"就是"食色，性也"的"性"；其本质是一要生存，二要温饱，三要发展。人的一生就是同这种本能做斗争的一生。有的人胜利了，也就是说，既要自己活，也要让别人活，他就是一个合格的人。让别人活的程度越高，也就是为别人着想的程度越高，他的"好"，或"善"也就越高。"宁要我负天下人,不要天下人负我"，是地道的坏人，可惜的是，这样的人在古今中外并不少见。有人要问：既然你不承认人性本善，你这种想法是从哪里来的呢？对于这个问题，我还没有十分满意的解释。《三字经》上的两句话"性相近，习相远"中的"习"字似乎能回答这个问题。一个人过了幼稚阶段，有意识地或无意识地会感到，人类必须互相依存，才都能活下去。如果一个人只想到自己，或者是绝对地想到自己，那么，社会就难以存在，结果谁也活不下去。

这话说得太远了，还是回头来谈"学术良心"或者学术道德。学术涵盖面极大，文、理、工、农、医，都是学术。人类社会不能无学术，无学术则人类社会就不能前进，人类福利就不能提高；每个人都是想日子越过越好的，学术的作用就在于能帮助人达到这个目的。大家常说，学术是老老实实的东西，不能掺半点假。通过个人努力或者集体努力，老老实实地做学问，得出的结果必然是实事求是的。这样做，就算是有学术良心。剽窃别人的成果，或者为了沽名钓誉创造新学说或新学派而篡改研究真相，伪造研究数据。这是地地道道的学术骗子。在国际上和我们国内，这样的骗子亦非少见。这样的骗局绝不会隐瞒很久的，总有一天真相会大白于天下的。许多国家都有这样的先例。真相一旦暴露，不齿于士林，因而自杀者也是有过的。这种学术骗子，自古已有，可怕的是于今为烈。我们学坛和文坛上的剽窃大案，时有所闻，我们千万要引为鉴戒。

这样明目张胆的大骗当然是绝不允许的。还有些偷偷摸摸的小骗，也不能不引起我们的戒心。小骗局花样颇为繁多，举其荦荦大者，有以下诸种：在课堂上听老师讲课，在公开学术报告中听报告人讲演，平常阅读书刊杂志时读到别人的见解，认为有用或有趣，于是就自己写成文章，不提老师的或者讲演者的以及作者的名字，仿佛他自己就是首创者，用以欺世盗名，这种例子也不是稀见的。还有，有人在谈话中告诉了他一个观点，他也据为己有。这都是没有学术良心或者学术道德的行为。

我可以无愧于心地说，上面这些大骗或者小骗，我都从来没有干过，以后也永远不会干。

我在这里补充几点梁启超在他所著的《清代学术概论》中谈到的清代正统派的学风的几个特色："隐匿证据或曲解证据，皆认为不德。""凡采用旧说，必明引之，剿说认为大不德。"这同我在上面谈的学术道德（梁启超的"德"）完全一致。可见清代学者对学术道德之重视程度。

此外，梁启超上书中还举了一点特色："孤证不为定说。其无反证者姑存之。得有续证，则渐信之。遇有力之反证则弃之。"可以补充在这里，也可以补充在上一节中。

1997 年

# 温馨，家庭不可或缺的气氛

大千世界，芸芸众生，除了看破红尘出家当和尚的以外，每一个人都会有一个家。一提到家，人们会不由自主地漾起一点温暖之意，一丝幸福之感。

不这样也是不可能的。不管是单职工还是双职工，白天在政府机构、学校、公司、工厂、商店等等五花八门的场所工作劳动。不管是脑力劳动，还是体力劳动，都会付出巨大的力量，应付错综复杂的局面，会见性格各异的人物，有时会弄得筋疲力尽。有道是："不如意事常八九。"哪里事事都会让你称心如意呢？到了下班以后，有如倦鸟还巢一般，带着一身疲惫，满怀喜悦，回到自己家里。这是一个真正的安身立命之处，在这里人们主要祈求的就是温馨。有父母的，向老人问寒问暖，老少都感到温馨；有子女的，同孩子谈上几句，亲子都感到温馨；夫妻说上几句悄悄话，男女都感到温馨。当是时也，白天一天操劳身心两方面的倦意，间或有心中的愤懑，工作中或竞争中偶尔的挫折，在处理事务中或人际关系中碰的一点小钉子，如此等等，都会烟消云散，代之而兴的是融融的愉悦。总之，感到的是不能用任何语言表达的温馨。

你还可以便装野服，落拓形迹。白天在外面有时不得不戴着的假面具，完全可以甩掉。有时不得不装腔作势，以求得能适应应对进退的所谓礼貌，也统统可以丢开，还你一个本来面目，圆通无碍，纯然真我。天下之乐宁有过于此者乎？所有这一切都来自家庭中真正的温馨。

但是，是不是每一个家庭都是温馨天成、唾手可得呢？不，不，绝不是的。家庭中虽有夫妻关系、亲子关系、血缘关系，但是，所有这一些关系，都不能保证温馨气氛必然出现。俗话说，锅碗瓢盆都会相撞。每个人的脾气不一样，爱好不一样，习惯不一样，信念不一样，而且人是活人，喜怒哀乐，时有突变的情况，情绪也有不稳定的时候，特别是在自己的亲人面前，更容易表露出来。有时候为一点芝麻绿豆大的小事，也会意见相左，处理不得法，也能产生龃龉。天天耳鬓厮磨，谁也不敢保证这种情况不会发生。

那么，我们应当怎么办呢？就我个人来看，处理这样清官难断的家务事，说难极难，说不难也颇易。只要能做到"真""忍"二字，虽不中，不远矣。"真"者，真情也。"忍"者，容忍也。我归纳成了几句顺口溜：相互恩爱，相互诚恳，相互理解，相互容忍，出以真情，不杂私心，家庭和睦，其乐无垠。

有人可能不理解，我为什么把容忍强调到这样的高度。要知道，容忍是中华美德之一。我们的往圣先贤，大都教导我们要容忍。民间谚语中，也有不少容忍的内容，教人忍让。有的说法，看似消极，实有积极意义，比如"忍辱负重"，韩信就是一个有名的例子。《唐书》记载，张公艺九世同居，唐高宗问他睦族之道，公艺提笔写了一百多个"忍"字递给皇帝。从那以后，姓张的多自命为"百忍家声"。佛家也十分强调忍辱之要义，经中有很多忍辱仙人的故事。常言道："小不忍则乱大谋。"在家庭中则是"小不忍则乱家庭"。夫妻、父母、子女之间，有时难免有不同的意见，如果一方发点小脾气，你让他一下，风暴便可平息。等到他心态平衡以后，自己会认错的。此时，如果你也不冷静，火冒三丈，轻则动嘴，重则动手，最终可能告到法庭，宣判离婚，岂不大可哀哉！父母兄弟姊妹之间，也有同样的情况。结果，一个好端端的家庭，会弄得分崩离析。这轻则会影响你暂时的情绪，重则影响你的生命前途。难道我这是危言耸听吗？

总之，温馨是家庭不可或缺的气氛，而温馨则是需要培养的。培养之道，不出两端，一真一忍而已。

1998 年 10 月 23 日

# 关于人的素质的几点思考

## 一 我们当前所面临的形势

谈问题必须从实际出发，这几乎成了一个常识。谈人的素质又何能例外？

在这方面，我们，包括大陆和台湾，甚至全世界，我们所面临的形势怎样呢？我觉得，法鼓人文社会学院的"通告"中说得简洁而又中肯：

> 识者每以今日的社会潜伏下列诸问题为忧：即功利气息弥漫，只知夺取而缺乏奉献和服务的精神；大家对社会关怀不够，环境日益恶化；一般人虽受相当教育，但缺乏判断是非善恶的能力；科技教育与人文教育未能整合，阻碍教育整体发展，亦且影响学生健全人格的养成。

这些话都切中时弊。

在这里，我想补充上几句。

我们眼前正处在 20 世纪的世纪末和千纪末中。"世纪"和"千纪"都是人为地创造出来的；但是，一旦创造出来，它似乎就对人类活动产生了影响。19 世纪的世纪末可以为鉴，当前的这一个世纪末，也不例外。在政治、经济等方面所发生的巨大变化，有目共睹。我特别想指出环境保护等方面的令人触目惊心的情况。这些都与西方科学技术的发展密切相连。

西方自产业革命以后，科技飞速发展。生产力解放之后，远迈前古，结果给全体人类带来了极大的意想不到的福利。这一点是无论如何也否认不掉的。但是同时也带来了同样是想不到的弊端或者危害，比如空气污染、海河污染、生态平衡破坏、一些动植物灭种、环境污染、臭氧层出洞、人口爆炸、淡水资源匮乏、新疾病产生，如此等等，不一而足。这些灾害中任何一项如果避免不了，去除不掉，则人类生存前途就会受到威胁。所以，现在全世界有识之士以及一些政府，都大声疾呼，注意环保工作。这实在值得我们钦佩。

英国浪漫主义诗人雪莱（Shelley）以诗人的惊人的敏感，在 19 世纪初叶，正当西方工业发展如火如荼地上升的时候，在他所著的于 1821 年出版的《诗辨》中，就预见到它能产生的恶果，他不幸而言中，他还为这种恶果开出了解救的药方：诗与想象力，再加上一个爱。这也实在值得我们佩服。

眼前的这一个世纪末，实在是人类历史上一个空前的大动荡大转轨的时代。在这样的时代中，我们平常所说的"代沟"空前地既深且广。老少两代人之间的隔阂十分严峻。有人把现在年轻的一代人称为"新人类"，据说日本也有这个词儿，这个词儿意味深长。

## 二 人的天性或本能

我们就处在这样的环境条件下来探讨人的天性的一些想法。

两千多年以来，中国哲学史上始终有一个争论不休的问题：性善与性恶。孟子主性善，荀子主性恶，这是众所周知的事实。两说各有拥护者和反对者，中立派就主张性无善无恶说。我个人的看法接近此说，但又不完全相同。如果让我摆脱骑墙派的立场，说出真心话的话，我赞成性恶说，然则根据何在呢？

由于行当不对头——我重点搞的是古代佛教历史、中亚古代语文、佛教史、中印和中外文化交流史等——我对生理学和心理学所知甚微。根据我多年的观察与思考，我觉得，造物主或天或大自然，一方面赋予人和一切生物（动植物都在内）以极强烈的生存欲，另一方面又赋予它们极强烈的发展扩张欲。一棵小草能在砖石重压之下，以惊人的毅力，钻出头来，真令我惊叹不止。一尾鱼能产上百上千的卵，如果每一个卵都能长成鱼，则湖海有朝一日会被鱼填满。植物无灵，但有能，它想尽办法，让自己的种子传播出去。类似的例子，举不胜举。但是，与此同时，造物主又制造某些动植物的天敌，大鱼吃小鱼，小鱼吃虾米，猫吃老鼠，等等，等等，总之，一方面让你生存发展，一方面又遏止你生存发展，以此来保持物种平衡，人和动植物的平衡。这是造物主给生物开玩笑。老子说："天地不仁，以万物为刍狗。"意思与此差为相近。如此说来，荀子的性恶说能说没有根据吗？荀子说："人之性恶，其善者伪也。""伪"字在这里有"人为"的意思，不全是"假"。总之，这说法比孟子性善说更能说得过去。

## 三 道德问题

写到这里，我认为可以谈道德问题了。道德讲善恶，讲好坏，讲是非，等等。那么，什么是善，是好，是坏呢？根据我上面的说法，我们可以说：自己生存，也让别的人或动植物生存，这就是善。只考虑自己生存，不考虑别人生存，这就是恶。《三国演义》中说曹操有言："只教我负天下人，不教天下人负我。"这是典型的恶。要一个人不为自己的生存考虑，是不可能的，是违反人性的。只要能做到既考虑自己也考虑别人，这一个人就算及格了，考虑别人的百分比愈高，则这个人的道德水平也就愈高。百分之百考虑别人，所谓"毫不利己，专门利人"，是做不到的，那极少数为国家、为别人牺牲自己性命的，用一个哲学家的现成的话来说是出于"正义行动"。

只有人类这个"万物之灵"才能做到既为自己考虑，也能考虑到别人的利益。一切动植物是绝对做不到的，它们根本没有思维能力。它们没有自律，只有他律，而这他律就来自大自然或者造物主。人类能够自律，但也必须辅之以他律。康德所谓"消极义务"，多来自他律。他讲的"积极义务"，则多来自自律。他律的内容很多，比如社会舆论、道德教条等都是。而最明显的则是公安局、检察机构、法院。

写到这里，我想把话题扯远一点，才能把我想说的问题说明白。

人生于世，必须处理好三个关系：一、人与大自然的关系，那也称之为"天人关系"；二、人与人的关系，也就是社会关系；三、人自己的关系，也就是个人思想感情矛盾与平衡的问题。这三个关系处理好，人就幸福愉快；否则就痛苦。在处理第一个关系时，也就是天人关系时，东西方，至少在指导思想方向上截然不同。西方主"征服自然"(to conquer the nature)，《天演论》的"物竞天择，适者生存"，即由此而出。但是天或大自然是能够报复的，能够惩罚的。你"征服"得过了头，它就报复。比如砍伐森林，砍光了森林，气候就受影响，洪水就泛滥。世界各地都有例可证。今年大陆的水灾，根本原因也在这里。这只是一个小例子，其余可依此类推。学术大师钱穆先生一生最后一篇文章《中国文化对人类未来可有的贡献》，讲的就是"天人合一"的问题，我冒昧地在钱老文章的基础上写了两篇补充的文章，我复印了几份，呈献给大家，以求得教正。"天人合一"是中国哲学史上一个重要命题，解释纷纭，莫衷一是。钱老说："我曾说'天人合一'论，是中国文化对人类最大的贡献。"我的补充明确地说，"天人合一"就是人与大自然要合一，要和平共处，不要讲征服与被征服。西方近二百年以来，对大自然征服不已，西方人以"天之骄子"自居，骄横不可一世，结果就产生了我在上文第一章里补充的那一些弊端或灾害。钱宾四先生文章中讲的"天"似乎重点是"天命"，我的"新解"，"天"是指的大自然。这种人与大自然要和谐相处的思想，不仅仅是中国思想的特征，也是东方各国思想的特征。这是东西文化思想分道扬镳的地方。在中国，表现这种思想最明确的无过于宋代大儒张载，他在《西铭》中说："民，吾同胞；物，吾与也。""物"指的是天地万物。佛教思想中也有"天人合一"的因素，韩国吴亨根教授曾明确地指出这一点来。佛教基本教规之一的"五戒"中就有戒杀生一条，同中国"物与"思想一脉相通。

## 四 修养与实践问题

我体会，圣严法师之所以不惜人力和物力召开这样一个规模宏大的会议，大陆暨香港地区，以及台湾地区的许多著名的学者专家之所以不远千里来此集会，绝不会是让我们坐而论道的。道不能不论，不论则意见不一致，指导不明确，因此不论是不行的。但是，如果只限于论，则空谈无补于实际，没有多大意义。况且，圣严法师为法鼓人文社会学院明定宗旨是"提升人的品质，建设人间净土"。这次会议的宗旨恐怕也是如此。所以，我们在议论之际，也必须想出一些具体的办法。这样会议才能算是成功的。

我在本文第一章中已经讲到过，我们中国和全世界所面临季羡林先生题写的"有容乃大　天人合一"

的形势是十分严峻的。钱穆先生也说："近百年来,世界人类文化所宗,可说全在欧洲。最近五十年,欧洲文化近于衰落,此下不能再为世界人类文化向往之宗主。所以可说,最近乃人类文化之衰落期。此下世界文化又将何所向往？这是今天我们人类最值得重视的现实问题。"可谓慨乎言之矣。

我就在面临这样严峻的情况下提出了修养和实践问题的,也可以称之为思想与行动的关系,二者并不完全一样。

所谓修养,主要是指思想问题、认识问题、自律问题,他律有时候也是难以避免的。在大陆上,帮助别人认识问题,叫作"做思想工作"。一个人遇到疑难,主要靠自己来解决,首先在思想上解决了,然后才能见诸行动,别人的点醒有时候也起作用。佛教禅宗主张"顿悟"。觉悟当然主要靠自己,但是别人的帮助有时也起作用。禅师的一声断喝、一记猛掌、一句狗屎橛,也能起振聋发聩的作用。宋代理学家有一个克制私欲的办法。清尹铭绶《学见举隅》中引朱子的话说：

> 前辈有俗澄治思虑者,于坐处置两器,每起一善念,则投白豆一粒于器中；每起一恶念,则投黑豆一粒于器中,初时黑豆多,白豆少,后来随不复有黑豆,最后则验白豆亦无之矣。然此只是个死法,若更加以读书穷理的工夫,那去那般不正作当底思虑,何难之有？

这个方法实际上是受了佛经的影响。《贤愚经》卷十三,

（六七）优波提品第六十讲到一个"係念"的办法：

> 以白黑石子，用当等于筹算。善念下白，恶念下
> 黑。优波提奉受其教，善恶之念，辄投石子。初黑偶多，
> 白者甚少。渐渐修习，白黑正等。係念不止。更无黑石，
> 纯有白者。善念已盛，逮得初果。（《大正新修大藏经》，
> 第四卷，页四四二下）

这与朱子说法几乎完全一样，区别只在豆与石耳。

这个做法究竟有多大用处，我们且不去谈。两个地方都讲善念、恶念。什么叫善？什么叫恶？中印两国的理解恐怕很不一样。中国的宋儒不外孔孟那些教导，印度则是佛教教义。我自己对善恶的看法，上面已经谈过。要係念，我认为，不外是放纵本性与遏制本性的斗争而已。为什么要遏制本性？目的是既让自己活，也让别人活。因为如果不这样做的话，则社会必然乱了套，就像现代大城市里必然有红绿灯一样，车往马来，必然要有法律和伦理教条。宇宙间，任何东西，包括人与动植物，都不允许有"绝对自由"。为了宇宙正常运转，为了人类社会正常活动，不得不尔也。对动植物来讲，它们不会思考，不能自律，只能他律。人为万物之灵，是能思考、能明辨是非的动物，能自律，但也必济之以他律。朱子说，这个係念的办法是个"死法"，光靠它是不行的，还必须读书穷理，才能去掉那些不正当的思虑。读书当然是有益的，但却不能只限于孔孟之书；穷理也是好的，

但标准不能只限于孔孟之道。特别是在今天，在一个新世纪即将来临之际，眼光更要放远。

眼光怎样放远呢？首先要看到当前西方科技所造成的弊端，人类生存前途已处在危机中。世人昏昏，我必昭昭。我们必须力矫西方"征服自然"之弊，大力宣扬东方"天人合一"的思想，年轻人更应如此。

以上主要讲的是修养。光修养还是很不够的，还必须实践，也就是行动，最好能有一个信仰，宗教也好，什么主义也好；但必须虔诚、真挚。这里存不得半点虚假成分。我们不妨先从康德的"消极义务"做起：不污染环境、不污染空气、不污染河湖、不胡乱杀生、不破坏生态平衡、不砍伐森林，还有很多"不"。这些"消极义务"能产生积极影响。这样一来，个人的修养与实践、他人的教导与劝说，再加上公、检、法的制约，本文第一章所讲的那一些弊害庶几可以避免或减少，圣严法师所提出的希望庶几能够实现，我们同处于"人间净土"中。"挽狂澜于既倒"，事在人为。

# 漫谈伦理道德

现在，以德治国的口号已经响彻祖国大地。大家都认为，这个口号提得正确，提得及时，提得响亮，提得明白。但是，什么叫"德"呢？根据我的观察，笼统言之，大家都理解得差不多。如果仔细一追究，则恐怕是人言人殊了。

我不揣谫陋，想对"德"字进一新解。

但是，我既不是伦理学家，对哲学家们那些冗见别扭的分析阐释又不感兴趣，我只能用自己惯常用的野狐参禅的方法来谈这个问题。既称野狐，必有其不足之处；但同时也必有其优越之处，他没有教条，不见框框，宛如天马行空，驰骋自如，兴之所至，灵气自生，谈言微中，搔着痒处，恐亦难免。坊间伦理学书籍为数必多，我一不购买，二不借阅，唯恐读了以后"污染"了自己观点。

近若干年以来，我一直在考虑一个问题。人生一世，必须处理好三个关系：第一，人与大自然的关系，也就是天人关系；第二，人与人的关系，也就是社会关系；第三，个人身、口、意中正确与错误的关系，也就是修身问题。这三个关系紧密联系，互为因果，缺一不可。这些说法也许有人认为太空洞，太玄妙。我看有必要分别加以具体地说明。

首先谈人与大自然的关系。在人类成为人类之前，他们是大自然的一个不可或缺的组成部分。等到成为人类之后，就同自然闹起独立来，把自己放在自然的对立面上。尤有甚者，特别是在西方，自从产业革命以后，通过所谓发明创造，从大自然中得到了一些甜头，于是遂诛求无厌，最终提出了"征服自然"的口号。他们忘记了一个基本事实，人类的衣、食、住、行的所有资料都必须取自大自然。大自然不会说话，"天何言哉！"但是却能报复。恩格斯说过：

> 我们不能过分陶醉于我们对自然界的胜利，对于每一次这样的胜利，自然界都报复了我们。

在一百多年以前，大自然的报复还不十分明显，恩格斯竟能说出这样准确无误又含义深远的话，真不愧是马克思主义伟大的奠基人之一！到了今天，大自然的报复已经十分明显，十分触目惊心，举凡臭氧出洞，温室效应，全球变暖，淡水短缺，生态失衡，物种灭绝，人口爆炸，资源匮乏，新疾病产生，环境污染，如此等等，不胜枚举。其中哪一项如果得不到控制，都能影响人类的生存前途。到了这种危急关头，世界上一些有识之士才幡然醒悟，开了一些会，采取了一些措施。世界上一些国家的领导人也知道要注意环保问题了，这都是好事。但是，根据我个人的看法，还都是不够的。我们必须努力发出狮子吼，对全世界发聋振聩。

其次，我想谈一谈人与人的关系。自从人成为人以后，就逐渐形成了一些群体，也就是我们现在称之为社会的组织。这些群体形形色色，组织形式不同，组织原则也不同，但其为群体则一也。人与人之间，有时候利益一致，有时候也难免产生矛盾。举一个极其简单的例子，比如讲民主，讲自由，都不能说是坏东西，但又都必须加以限制。就拿大城市交通来说吧，绝对的自由是行不通的，必须有红绿灯，这就是限制。如果没有这个限制，大城市一天也存在不下去。这里撞车，那里撞人，弄得人人自危，不敢出门，社会活动会完全停止，这还能算是一个社会吗？这只是一个小例子，类似的大小例子还能举出一大堆来。因此，我们必须强调要处理好社会关系。

最后，我要谈一谈个人修身问题。一个人，对大自然来讲，是它的对立面；对社会来讲，是它的最基本的组成部分，是它的细胞。因此，在宇宙间，在社会上，一个人所处的地位是十分关键的。一个人的思想、语言和行动方向的正确或错误是有重要意义的。一个人进行修身的重要性也就昭然可见了。

写到这里，也许有人要问：你不是谈伦理道德问题吗，怎么跑野马跑到正确处理三个关系上去了？我敬谨答曰：我谈正确处理三个关系，正是谈伦理道德问题。因为，三个关系处理得好，人类才能顺利发展，社会才能阔步前进，个人生活才能快乐幸福。这是最高的道德，其余那些无数的烦琐的道德教条都是从属于这个最高道德标准的。这个道理，即使是粗粗一想，也是不难明白的。如果这三个关系处理不好，就要根据"不好"的程度而定为道德上有缺乏、不道德或"缺德"，严重的"不好"，就是犯罪。这个道理也是容易理解的。

全世界都承认，中国是伦理道德的理论和实践最发达的国家。中国伦理道德的基础是先秦时期的儒家打下的，在其后发展的过程中，又掺杂进来了一些道家思想和佛家思想，终于形成了现在这样一个伦理体系，仍在支配着我们的社会行动。这个体系貌似清楚，实则是一个颇为模糊的体系。三教信条你中有我、我中有你，绝不是泾渭分明的。但仍以儒家为主，则是可以肯定的。

儒家的伦理体系在先秦初打基础时可以孔子和孟子为代表。孔子学说的中心，也可以说是伦理思想的中心，是一个"仁"字。这个说法已为学术界比较普遍地接受。孟子学说的中心，也可以说是伦理思想的中心，是"仁""义"二字。对此，学术界没有异词。先秦其他儒家的学说，我们不一一论列了。至于先秦以后几千年儒家学者伦理道德的思想，我在这里也不一一论列了。一言以蔽之，他们基本上沿用孔孟的学说，间或有所增益或有新的解释，这是事物发展的必然规律，不足为怪。不这样，反而会是不可思议的。

多少年来，我个人就有个想法。我觉得，儒家伦理道德学说的重点不在理论而在实践。先秦儒家已经安排好了的：格物、致知、诚意、正心、修身、齐家、治国、平天下，是大家所熟悉的。这样的安排极有层次，煞费苦心，然而一点理论的色彩都没有。也许有人会说，人家在这里本来就不想讲理论而只想讲实践的。我们即使承认这一句话是对的，但是，什么是仁，什么是义？这在理论上总应该有点交代吧，然而，提到仁义的地方虽多，也只能说是模糊语言，读者或听者并不能得到一点清晰的概念。

秦代以后，到了唐代，以儒家道统传承人自命的大儒韩愈，对伦理道德的理论问题也并没有说清楚。他那一篇著名的文章《原道》一开头就说：

　　博爱之谓仁，行而宜之之谓义，由是而之焉之谓道，足乎己无待于外之谓德。

句子读起来铿锵有力，然而他想什么呢？他只有对"仁"字下了一个"博"爱的定义，而这个定义也是极不深刻的。此外几乎全是空话。"行而宜之"的"宜"意思是"适宜"，什么是"适宜"呢？这等于没有说。"由是而之焉"的"之"字，意思是"走"。"道"是人走的道路，这又等于白说。至于"德"字，解释又是根据汉儒那一套"德者得也"，说了仍然是让人莫名其妙。至于其他朝代的其他儒家学者，对仁义道德的解释更是五花八门，莫衷一是。我不是伦理学者，现在也不是在写中国伦理学史，恕我不再一一列举了。

我在上面极其概括地讲了从先秦一直到韩愈儒家关于仁义道德的看法。现在，我忽然想到，我必须做一点必要的补充。我既然认为，处理好天人关系在道德范畴内居首要地位，就必须探讨一下，中国古代对于这个问题是怎样看的。换句话说，我必须探讨一下先秦时代一些有代表性的哲学家对天、地、自然等概念是怎样界定的。

首先谈天，一些中国哲学史家认为，在春秋末期哲学家们争论的主要问题之一是，天是否是有人格有意志的神？这些哲学家大体上可以分为两个阵营：一个阵营主张不是，他们认为天是物质性的东西，就是我们头顶的天。这可以老子为代表。汉代《说文解字》的："天，颠也，至高无上"，可以归入此类。一个阵营的主张是，他们认为天就是上帝，能决定人类的命运，决定个人的命运。这可以孔子为代表。有一些中国哲学史袭用从苏联贩卖过来的办法，先给每一个哲学家贴上一张标签，不是唯心主义，就是唯物主义，把极端复杂的思想问题简单化了。这种做法为我所不取。

老子《道德经》中在几个地方都提到天、地、自然等。他说：

人法地，地法天，天法道，道法自然。（二十五章）

在这一段话里老子哲学的几个重要概念都出现了。他首先提出"道"这个概念，在他以后的中国哲学史上起着重要的作用。

这里的"天"显然不是有意志的上帝，而是与"地"相对的物质性的东西。这里的"自然"是最高原则。老子主张"无为"，"自然"不就是"无为"吗？他又说：

天地不仁，以万物为刍狗。（五章）

明确说天地是没有意志的。他又说：

道之尊，德之贵，夫莫之命而常自然。（五十一章）

道德不发号施令，而是让万物自由自在地成长。总而言之，老子认为天不是神，而是物质的东西。

几乎可以说，与老子形成对立面的是孔子。在《论语》中有许多讲到"天"的地方。孔子虽然说"子不语,怪力乱神"；但是,在他的心目中是有神的,只不过是"敬鬼神而远之"而已。"天"在孔子看来也是有人格有意志的神。孔子关于"天"的话我引几条：

天何言哉！四时行焉，百物生焉，天何言哉！

天之将丧斯文也，后死者不得与于斯文也；天之未丧斯文也，匡人其如予何！

天生德于予，桓魋其如予何！

等等。孔子还提倡"天命"，也就是天的意志、天的命令。自命为孔子继承人的孟子，对"天"的看法同孔子差不多。他有一段常被征引的话：

> 天将降大任于是人也，必先苦其心志，劳其筋骨，饿其体肤，空乏其身，行拂乱其所为。所以动心忍性，曾（增）益其所不能。

在这里，"天"也是一个有意志的主宰者。

也被认为是儒家的荀子，对"天"的看法却与老子接近，而与孔孟迥异其趣。他不承认天是有人格有意志的最高主宰者。有的哲学史家说，荀子直接把"天"解释为自然界。我个人认为，这是非常重要也非常正确的解释。荀子主要是在《天论》中对"天"做了许多唯物的解释，我不去抄录。我想特别提出"天养"说："财非其类以养其类，夫是之谓天养。"意思是说人类利用大自然养活自己。这也是很重要的思想。多少年前我曾写过一篇论文《"天人合一"新解》，我当时没有注意到荀子对"天"的解释，所以自命为"新解"，其实并不新了。荀子已先我两千多年言之矣。我的贡献在于结合当前世界的情况，把"天人合一"归入道德最高标准而已。这一点我在上面讲"天人关系"一节中已经讲到，请读者参阅。

我在上面只讲了老子、孔子、孟子和荀子。其他诸子对"天"的看法也是五花八门的。因为同我要谈的问题无关，我不一一论列。我只讲一下墨子，他认为"天"是有意志的，这同儒家的孔孟差不多。

我的补充解释就到此为止。

尽管荀子对"天"的认识已经达到了很高的水平，但是支配中国思想界的儒家仍然是保守的。我想再回头分析一下上面已经提到过的格、致等八个层次。前五项都与修身有关，后三项则讲的是社会关系，没有一项是天人关系的。这是什么原因呢？根据我个人肤浅的看法，先秦儒家，大概同一般老百姓一样，觉得天离开人们远，也有点恍兮惚兮，不容易捉摸，而人际关系则是摆在眼前的，时时处处都会碰上，不注意解决是不行的。我们汉族是一个偏重实际的民族。所以就把注意力大部分用在解决社会关系和个人修身上面了。

几千年来，在中国的封建社会中，有很多形成系列的道德教条，什么仁、义、礼、智、信，什么孝、悌、忠、信、廉、耻，如此等等，不一而足。每一个人在社会中的地位也排列得井井有条，比如五伦之类。亲属间的称呼也有条不紊，什么姑夫、舅父、表姑、表舅，等等，世界上哪一种语言也翻译不出来，甚至在当前的中国，除了年纪大的一些人以外，年轻人自己也说不明白了。《白虎通》的三纲六纪，陈寅恪先生认为是中国文化的精义之所寄，可见中国这一些处理社会关系的准则在他心目中的重要地位了。

上面讲的是社会关系和个人修身问题。至于天人关系，除了先秦诸子所讲的以外，中国历代还有一种说法，就是所谓"天子"，说皇帝是上天的儿子。这种说法对皇帝和臣民都有好处。皇帝以此来吓唬老百姓，巩固自己的地位。臣下也可以适当地利用它来给皇帝一点制约，比如利用日食、月食、彗星出现等"天变"来向皇帝进谏，要他注意修德，要他注意自己的行动，这对人民多少有点好处。

把以上所讲的归纳起来看，本文中所讲的三个关系，第二个社会关系和第三个个人修身问题，人们早已注意到了，而且一贯加以重视了。至于天人关系，虽也已注意到，但只是片面讲，其间的关系则多所忽略，特别是对大自然能够报复则认识比较晚，这情况中西皆然。只是到了西方产业革命以后，西方科技发展迅猛，人们忘乎所以，过分相信"人定胜天"的力量，以致受到了自然的报复，才出现了恩格斯所说的那种情况。到了今天，世界上一些有识之士，其中包括一些国家领导人，如梦初醒，惊呼"环保"不止。然而，从世界范围来看，并不是每个人都清醒够了。污染大气、破坏生态平衡的举动仍然到处可见。我个人的看法是不容乐观。因此我才把处理好天人关系提高到伦理道德的高标准来加以评断。

从一部人类发展前进的历史来看，三个关系的各自的对立面并不是固定不变的，而是变动不居的。因此制约这些关系的伦理道德教条也不可能一成不变。各个时代，各个民族，各个国家，情况不一，要求不一，道德标准也不可能统一。因此，我们必须提出，对过去的道德标准一定要批判继承。过去适用的，今天未必适用。今天适用的，将来未必适用。在道德教条中有的寿命长，有的寿命短。有的可能适用于全人类，有的只能适用于某一些地区。适用于一切时代、一切地区，万古长青的道德教条恐怕是绝无仅有的。

　　文章已经写得很长，必须结束了。我再着重说明一下，我不是伦理学家，没有研究过伦理学史。我只是习惯于胡思乱想。我常感觉到，中国以及世界上道德教条多如牛毛，如粒粒珍珠，熠熠闪光。可是都有点各自为政，不相关联。我现在不揣冒昧提出了一条贯串众珠的线，把这些珠子穿了起来。是否恰当？自己不敢说。请方家不吝教正。

2001 年 5 月 25 日

# 慈善是道德的积累

　　我是搞语言的，要我来讲道德，讲慈善，实在是有些惶恐。

　　什么是道德？这是一个大问题，可以写一本书。简单说来，道德是一种社会意识，是一种不依靠外力的特殊的行为规范。道德以善与恶、美与丑、真与伪等概念调整人与人、人与社会之间的关系。我国正处在一个大发展、大变革时期，稳定是第一位的，一定要处理好人与人、人与社会之间的关系。除了法律、行政手段的进一步强化和完善以外，道德是社会稳定发展必不可少的行为规范和调节手段。

　　在中国的传统道德中，伦理道德有很重要的位置，伦理就是解决人与人之间关系的，儒家讲的三纲六纪就是规定了君臣、父子、夫妇、兄弟、朋友之间关系的准则。这里有糟粕的地方，因为人与人之间应该是平等的，不应该谁是谁的纲。儒家强调要处理好人的各方面社会关系，还有许多值得批判吸收的东西。

比方对父母的关系，中国人讲孝，这个"孝"字在英文没有这样一个词，要用两个词才能表述这个意思。所以西方的老人晚年是十分凄凉的。中西的道德是有区别的。我举个例子，我在欧洲住的年头不少，我看小孩子打架，一个十六七岁，一个七八岁，结果小的被打倒了，哭一阵爬起来再打。要在中国就会有人讲了，大的怎么欺侮小的呢？他们那儿没人管，他们认为力量、拳头是第一位的，不管你大小，只要把别人打倒就是正当的。西方道德中也有对我们有用的。我国传统的伦理道德应批判继承，精华留下，糟粕去掉。对外国好的，也可以学习，不要排斥。

慈善是良好道德的发扬，又是道德积累的开端。孟子说："恻隐之心，仁之端也。"一个社会的良好的道德风尚，一个人良好的道德修养，不是从天上掉下来的，要宣传教育，要舆论引导，更要实践、参与。慈善是具有广泛群众性的道德实践。慈善可以是很高的层次，无私奉献，也可以有利己的目的，比如图个好名声，或者避税，或者领导号召不得不响应；为慈善付出的可以很大也可以很少，可以是金钱也可以是时间、精神，层次很多，幅度很大，不管在什么条件下，出于什么动机，只要他参与了，他就开始了他的道德积累。所以我主张慈善不要问动机。毛泽东同志讲动机与效果的辩证统一，我的理解，效果是决定因素。"四人帮"有个特点，就是抓活思想，抓活思想就是追究动机。过去有句古话，有心为善虽善不赏，无心为恶虽恶不罚，这是典型的动机唯心主义。

# 思想家与哲学家

我又有了一个怪论，我想把思想家与哲学家区分开来。

一般人大概都认为，我以前也曾朦朦胧胧地认为，所有的哲学家都是思想家。哪里能有没有思想的哲学家呢？

但是，最近一个时期以来，我的想法有了改变。

古今中外的哲学史告诉我们，哲学家们大抵同史学家差不多，想"究天人之际，通古今之变"，方式稍有不同，哲学家们探讨的是宇宙的根源，人生的真谛，精神与物质的关系，存在和意识的关系，等等。在这些问题上，他们时有精辟之论，颇能令人心折。但是，一旦他们想把自己的理论捏成一个完整的体系的时候——一般哲学家都是有这种野心的——便显露出捉襟见肘、削足适履的窘态。

我心目中的思想家，却不是这个样子。他们对我在上面谈到的那些问题也可能会有自己的看法。但是，他们决不硬搞什么体系，决不搞那一套烦琐的分析。记得有一副旧对联："世事洞明皆学问，人情练达即文章。"我觉得，思想家就是洞明世事、练达人情的人。他们不发玄妙莫测的议论，不写恍兮惚兮的文章，更不幻想捏成什么哲学体系。他们说的话都是中正平和的，人人能懂的。可是让人看了以后，眼睛立即明亮，心头涣然冰释，觉得确实是那么一回事。

空口无凭，试举例以明之。我想举出两个人：一个是已故的陈寅恪先生，一个是健在的王元化先生，都是中国学术界知名的人物。

寅恪先生是史学大师，考据学巨匠。但是，他的考据是与乾嘉诸大师不同的，后者是为考据而考据，而他的考据则是含有义理的。他从来不以哲学家自居。然而他对许多本来应属于哲学范畴的问题的看法却确有独到之处，比如，对"中国文化"，他写道：

吾中国文化之定义，具于《白虎通》三纲六纪之论，其意义为抽象理想最高之境，犹希腊柏拉图所谓 Idea 者。

言简意赅，让人看了就懂，非一般专门从事于分析概念的哲学家所能企及。此外，寅恪先生对中国历史研究还有许多人所共知的见解。总之，我认为，寅恪先生不是哲学家，而是思想家。

王元化先生是并世罕见的通儒，他真可以说是学贯中西、古今兼通。他的文章我不敢说是全部都读过，但是读得确实不少。首先让我心悦诚服的是他对五四运动的新看法。五四运动是中国近代史上的一件大事，对它有种种不同的议论和看法，至今仍纷争不休。我自己于无意中也形成了一种看法。但是，读了元化先生论"五四"的文章，我觉得他的看法确实鞭辟入里、高人一筹。他对当前的许多问题都有自己独特的看法，我从中都能得到启发。总之，我认为，元化先生不是哲学家，而是思想家。

我崇拜思想家，对哲学家则不敢赞一词。

2001 年 10 月 7 日

# 八十述怀

　　我从来没有想到，我能活到八十岁；如今竟然活到了八十岁，然而又一点也没有八十岁的感觉。岂非咄咄怪事！

　　我向无大志，包括自己活的年龄在内。我的父母都没有活过五十，因此，我自己的原定计划是活到五十。这样已经超过了父母，很不错了。不知怎么一来，宛如一场春梦，我活到了五十岁。那里正值所谓三年自然灾害，我流年不利，颇挨了一阵子饿。但是，我是"曾经沧海难为水"，在第二次世界大战时，我正在德国，我经受了而今难以想象的饥饿的考验，以致失去了饱的感觉。我们那一点灾害，同德国比起来，真如小巫见大巫；我从而顺利地度过了那一场灾害，而且我当时的精神面貌是我一生最好的时期，一点苦也没有感觉到，于不知不觉中冲破了我原定的年龄计划，度过了五十岁大关。

　　五十一过，又仿佛一场春梦似的，一下子就到了古稀之年，不容我反思，不容我踟蹰。其间跨越了一个"十年浩劫"。我当然是在劫难逃，被送进牛棚。我现在不知道应当感谢哪一路神灵：佛祖、上帝、安拉；由于一个万分偶然的机缘，我没有走上绝路，活下来了。活下来了，我不但没有感到特别高兴，反而时有悔愧之感在咬我的心。活下来了，也许还是有点好处的。我一生写作翻译的高潮，恰恰出现在这个期间。原因并不神秘：我获得了余裕和时间。在浩劫期间，我被打得一佛出世，二佛升天。后来不打不骂了，我却变成了"不可接触者"。在很长时间内，我被分配挖大粪，看门房，守电话，发信件。没有以前的会议，没有以前的发言。没有人敢来找我，很少人有勇气同我谈上几句话。一两年内，没收到一封信。我服从任何人的调遣与指挥，只敢规规矩矩，不敢乱说乱动。然而我的脑筋还在，我的思想还在，我的感情还在，我的理智还在。我不甘心成为行尸走肉，我必须干点事情。二百多万字的印度大史诗《罗摩衍那》，就是在这时候译完的。"雪夜闭门写禁文"，自谓此乐不减羲皇上人。

又仿佛是一场缥缈的春梦，一下子就活到了今天，行年八十矣，是古人称之为耄耋之年了。倒退二三十年，我这个在寿命上胸无大志的人，偶尔也想到耄耋之年的情况：手拄拐杖，白须飘胸，步履维艰，老态龙钟。自谓这种事情与自己无关，所以想得不深也不多。哪里知道，自己今天就到了这个年龄了。今天是新年元旦，从夜里零时起，自己已是不折不扣的八十老翁了。然而这老景却真如古人诗中所说的"青霭入看无"，我看不到什么老景。看一看自己的身体，平平常常，同过去一样，看一看周围的环境，平平常常，同过去一样。金色的朝阳从窗子里流了进来，平平常常，同过去一样。楼前的白杨，确实粗了一点，但看上去也是平平常常，同过去一样。时令正是冬天叶子落尽了，但是我相信，它们正蜷缩在土里，做着春天的梦。水塘里的荷花只剩下残叶，"留得残荷听雨声"，现在雨没有了，上面只有白皑皑的残雪。我相信，荷花们也蜷缩在淤泥中，做着春天的梦。总之，我还是我，依然故我；周围的一切也依然是过去的一切……

我是不是也在做着春天的梦呢？我想，是的。我现在也处在严寒中，我也梦着春天的到来。我相信英国诗人雪莱的两句话："既然冬天已经到了，春天还会远吗？"我梦着楼前的白杨重新长出了浓密的绿叶；我梦着池塘里的荷花重新冒出了淡绿的大叶子；我梦着春天又回到了大地上。

可是我万万没有想到，"八十"这个数目字竟有这样大的威力，一种神秘的威力。"自己已经八十岁了！"我吃惊地暗自思忖。它逼迫着我向前看一看，又回头看一看。向前看，灰蒙蒙的一团，路不清楚，但也不是很长。确实没有什么好看的地方，不看也罢。

而回头看呢，则在灰蒙蒙的一团中，清晰地看到了一条路，路极长，是我一步一步地走过来的，这条路的顶端是在清平县的官庄。我看到了一片灰黄的土房，中间闪着苇塘里的水光，还有我大奶奶和母亲的面影。这条路延伸出来，我看到了泉城的大明湖。这条路又延伸出去，我看到了水木清华，接着又看到德国小城哥廷根斑斓的秋色，上面飘动着我那母亲似的女房

165

东和祖父似的老教授的面影。路陡然又从万里之外折回到神州大地，我看到了红楼，看到了燕园的湖光塔影。令人泄气而且大煞风景的是，我竟又看到了牛棚的牢头禁子那一副牛头马面似的狞恶的面孔。再看下去，路就缩住了，一直缩到我的脚下。

在这一条十分漫长的路上，我走过阳关大道，也走过独木小桥。路旁有深山大泽，也有平坡宜人；有杏花春雨，也有塞北秋风；有山重水复，也有柳暗花明；有迷途知返，也有绝处逢生。路太长了，时间太长了，影子太多了，回忆太重了。我真正感觉到，我负担不了，也忍受不了，我想摆脱掉一切，还我一个自由自在身。

回头看既然这样沉重，能不能向前看呢？我上面已经说到，向前看，路不是很长，没有什么好看的地方。我现在正像鲁迅的散文诗《过客》中的一个过客。他不知道是从什么地方走来的，终于走到了老翁和小女孩的土屋前面，讨了点水喝。老翁看他已经疲惫不堪，劝他休息一下。他说，"从我还能记得的时候起，我就在这么走，要走到一个地方去，这地方就在前面。我单记得走了许多路，现在来到这里了。我接着就要走向那边去……况且还有声音常在前面催促我，叫唤我，使我息不下。"那边，西边是什么地方呢？老人说："前面，是坟。"小女孩说："不，不，不的。那里有许多许多野百合，野蔷薇，我常常去玩，去看他们的。"

我理解这个过客的心情，我自己也是一个过客，但是却从来没有什么声音催着我走，而是同世界上任何人一样，我是非走不行的，不用催促，也是非走不行的。走到什么地方去呢？走到西边的坟那里，这是一切人的归宿。我记得屠格涅夫的一首散文诗里，也讲了这个意思。我并不怕坟，只是在走了这么长的路以后，我真想停下来休息片刻。然而我不能，不管你愿意不愿意，反正是非走不行。聊以自慰的是，我同那个老翁还不一样，有的地方颇像那个小女孩，我既看到了坟，也看到野百合和野蔷薇。

我面前还有多少路呢？我说不出，也没有仔细想过。冯友兰先生说："何止于米？相期以茶。""米"是八十八岁，"茶"是一百〇八岁。我没有这样的雄心壮志，我是"相期以米"。这算不算是立大志呢？我是没有大志的人，我觉得这已经算是大志了。

我从前对穷通寿夭也是颇有一些想法的。"十年浩劫"以后，我成了陶渊明的志同道合者。他的一首诗，我很欣赏：

纵浪大化中，

不喜亦不惧。

应尽便须尽，

无复独多虑。

我现在就是抱着这种精神，昂然走上前去。只要有可能，我一定做一些对别人有益的事，绝不想成为行尸走肉。我知道，未来的路也不会比过去的更笔直、更平坦。但是我并不恐惧。我眼前还闪动着野百合和野蔷薇的影子。

1991 年 1 月 1 日

# 九十述怀

杜甫诗："人生七十古来稀。"对旧社会来说，这是完全正确的，因为它符合实际情况。但是，到了今天，老百姓却创造了三句顺口溜："七十小弟弟，八十多来兮，九十不稀奇。"这也是完全正确的，因为它符合实际情况。

但是，对我来说，却另有一番纠葛。我行年九十矣，是不是感到不稀奇呢？答案是：不是，又是。不是者，我没有感到不稀奇，而是感到稀奇，非常地稀奇。我曾在很多地方都说过，我在任何方面都是一个没有雄心壮志的人，我不会说大话，不敢说大话，在年龄方面也一样。我的第一本账只计划活四十岁到五十岁。因为我的父母都只活了四十多岁，遵照遗传的规律，遵照传统伦理道德，我不能也不应活得超过了父母。我又哪里知道，仿佛一转瞬间，我竟活过了从心所欲不逾矩之年，又进入了耄耋的境界，要向期颐进军了。这样一来，我能不感到稀奇吗？

但是，为什么又感到不稀奇呢？从目前的身体情况来看，除了眼睛和耳朵有点不算太大的问题和腿脚不太灵便外，自我感觉还是良好的，写一篇一两千字的文章，倚马可待。待人接物，应对进退，还是"难得糊涂"的。这一切都同十年前，或者更长的时间以前，没有什么两样。李太白诗："高堂明镜悲白发。"我不但发已全白（有人告诉我，又有黑发长出），而且秃了顶。这一切也都是事实，可惜我不是电影明星，一年照不了两次镜子，那一切我都不视不见。在潜意识中，自己还以为是"朝如青丝"哩。对我这样无知无识、麻木不仁的人，连上帝也没有办法。在这样的情况下，我怎么能会不感到不稀奇呢？

　　但是，我自己又觉得，我这种精神状态之所以能够产生，不是没有根据的。我国现行的退休制度，教授年龄是六十岁到七十岁。可是，就我个人而论，在学术研究上，我的冲刺起点是在八十岁以后。开了几十年的会，经过了不知道多少次政治运动，做过不知道多少次自我检查，也不知道多少次对别人进行批判，最后又经历了"十年浩劫"，"对酒当歌，人生几何？"我自己的一生就是这样白白地消磨过去了。如果不是造化小儿对我垂青，制止了我实行自己年龄计划的话，在我八十岁以前（这也算是高寿了）就"遽归道山"，我留给子孙后代的东西恐怕是不会多的。不多也不一定就是坏事。留下一些不痛不痒、灾祸梨枣的所谓著述，对任何人都没有好处。但是，对我自己来说，恐怕就要"另案处理"了。

　　在从八十岁到九十岁这个十年内，在我冲刺开始以后，颇有一些值得纪念的甜蜜的回忆。在撰写我一生最长的一部长达80万字的著作《糖史》的过程中，颇有一些情节值得回忆，值得玩味。在长达两年的时间内，我每天跑一趟大图书馆，风雨无阻，寒暑无碍。燕园风光旖旎，四时景物不同。春天姹紫嫣红，夏天荷香盈塘，秋天红染霜叶，冬天六出蔽空。称之为人间仙境，也不为过。然而，在这两年中，我几乎天天都在这样瑰丽的风光中行走。可是我都视而不见，甚至不视不见。未名湖的涟漪，博雅塔的倒影，被外人视为奇观的胜景，也未能逃过我的漠然、懵然、无动于衷。我心中想到的只是大图书馆中的盈室满架的图书，鼻子里闻到的只有那里的书香。

《糖史》的写作完成以后，我又把阵地从大图书馆移到家中来，运筹于斗室之中，决战于几张桌子之上。我研究的对象变成了吐火罗文A方言的《弥勒会见记剧本》。这也不是一颗容易咬的核桃，非用上全力不行。最大的困难在于缺乏资料，而且多是国外的资料。没有办法，只有时不时地向海外求援。现在虽然号称为信息时代，可是我要的消息多是刁钻古怪的东西，一时难以搜寻，我只有耐着性子恭候。舞笔弄墨的朋友，大概都能体会到，当一篇文章正在进行写作时，忽然断了电，你心中真如火烧油浇，然而却毫无办法，只盼喜从天降了，只能听天由命了。此时燕园旖旎的风光，对于我似有似无，心里想到的、切盼的只有海外的来信。如此又熬了一年多，《弥勒会见记剧本》英译本终于在德国出版了。

两部著作完了以后，我平生大愿算是告一段落。痛定思痛，

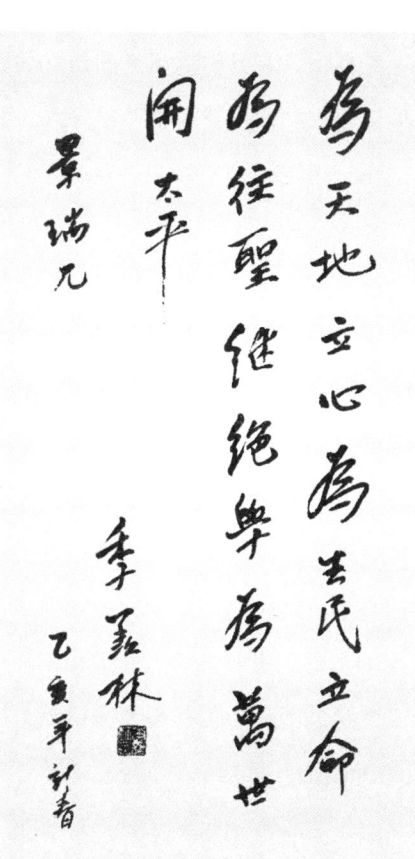

季羡林先生题写的"为天地立心　为生民立命　为往圣继绝学　为万世开太平"

蓦地想到了，自己已是望九之年了。这样的岁数，古今中外的读书人能达到的只有极少数。我自己竟能置身其中，岂不大可喜哉！

我想停下来休息片刻，以利再战。这时就想到，我还有一个家。在一般人心目中，家是停泊休息的最好的港湾。我的家怎样呢？直白地说，我的家就我一个孤家寡人，我就是家，我一个人吃饱了，全家不害饿。这样一来，我应该感觉很孤独了吧。然而并不。我的家庭"成员"实际上并不止我一个"人"。我还有四只极为活泼可爱的，一转眼就偷吃东西的，从我家乡山东临清带来的白色波斯猫，眼睛一黄一蓝。它们一点礼节都没有，一点规矩都不懂，时不时地爬上我的脖子，为所欲为，大胆放肆。有一只还专在我的裤腿上撒尿。这一切我不但不介意，而且顾而乐之，让猫们的自由主义恶性发展。

我的家庭"成员"还不止这样多，我还养了两只山大小校友张衡送给我的乌龟。乌龟这玩意儿，现在名声不算太好，但在古代却是长寿的象征。有些人的名字中也使用"龟"字，唐代就有李龟年、陆龟蒙等。龟们的智商大概低于猫们，它们绝不会从水中爬出来爬上我的肩头。但是，龟们也自有龟之乐，当我向它们喂食时，它们伸出了脖子，一口吞下一粒，它们显然是愉快的。可惜我遇不到惠施，他绝不会同我争辩，我何以知道龟之乐。

我的家庭"成员"还没有到此为止，我还饲养了五只大甲鱼。甲鱼，在一般老百姓嘴里叫"王八"，是一个十分不光彩的名称，人们讳言之。然而我却堂而皇之地养在大瓷缸内，一视同仁，毫无歧视之心。是不是我神经出了毛病？用不着请医生去检查，我神经十分正常。我认为，甲鱼同其他动物一样有生存的权利。称之为"王八"，是人类对它的诬蔑，是向它头上泼脏水。可惜甲鱼无知，不会到世界最高法庭上去状告人类，还要求赔偿名誉费若干美元，而且要登报声明。我个人觉得，人类在新世纪、新千年中最重要的任务是处理好与大自然的关系。恩格斯已经警告过我们："不能过分陶醉于我们对自然界的胜利，对于每一次这样的胜利，自然界都报复了我们。"一百多年来的历史事实，日益证明了恩格斯警告之正确与准确。在新世纪中，人类首先必须改恶向善，改掉乱吃其他动物的恶习。人类必须遵守宋代大儒张载的话："民吾同胞，物吾与也。"把甲鱼也看成是自己的伙伴，把大自然看成是自己的朋友，而不是征服的对象。这样一来，人类庶几能有美妙光辉的前途。至于对我自己，也许有人认为我是《世说新语》中的人物，放诞不经。如果真是的话，那就，那就——由它去吧。

再继续谈我的家和我自己。

我在"十年浩劫"中，自己跳出来反对那位倒行逆施的"老佛爷"，被打倒在地，被戴上了无数顶莫须有的帽子，天天被打、被骂。最初也只觉得滑稽可笑。但"谎言说上一千遍，就变成了真理"，最后连我自己都怀疑起来了："此身合是坏人未？泪眼迷离问苍天。"其实我并没有那么坏，但在许多人眼中，我已经成了一个"不可接触者"。

然而，世事多变，人间正道。不知道是怎么一来，我竟转身一变成了一个"极可接触者"。我常以知了自比。知了的幼虫最初藏在地下，黄昏时爬上树干，天一明就蜕掉了旧壳，长出了翅膀，长鸣高枝，成了极富诗意的虫类，引得诗人"倚杖柴门外，临风听暮蝉"了。我现在就是一只长鸣高枝的蝉，名声四被，头上的桂冠比"文革"中头上戴的高帽子还要高出多多，有时候我自己都觉得脸红。其实我自己深知，我并没有那么好。然而，我这样发自肺腑的话，别人是不会相信的。这样一来，我虽孤家寡人，其实家里每天都是热闹非凡的。有一位多年的老同事，天天到我家里来"打工"，处理我的杂务，照顾我的生活，最重要的事情是给我读报、读信，因为我眼睛不好。还有就是同不断打电话来或者亲自登门来的自称是我的"崇拜者"的人们打交道。学校领导因为觉得我年纪已大，不能再招待那么多的来访者，在我门上贴出了通告，想制约一下来访者的袭来，但用处不大，许多客人都视而不见，照样敲门不误。有少数人竟在门外荷塘边上等上几个钟头。除了来访者打电话者外，还有扛着沉重的摄像机而来的电视台的导演和记者，以及每天都收到的数量颇大的信件和刊物。有一些年轻的大中学生，把我看成了有求必应的土地爷，或者能预言先知的季铁嘴，向我请求这请求那，向我倾诉对自己父母都不肯透露的心中的苦闷。这些都要我那位"打工"的老同事来处理，我那位打工者此时就成了拦驾大使。想尽花样，费尽唇舌，说服那些想来采访、想来拍电视的好心和热心又诚心的朋友们，请他们稍安

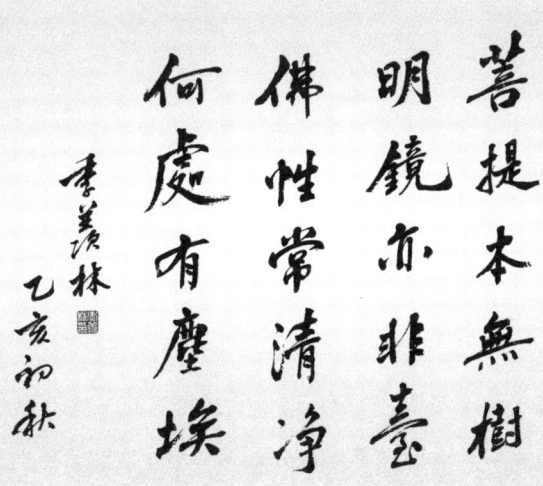

菩提本無樹
明鏡亦非臺
佛性常清淨
何處有塵埃

季羨林

乙亥初秋

季羨林先生书法作品

勿躁。这是极为繁重而困难的工作，我能深切体会。其忙碌困难的情况，我是能理解的。

最让我高兴的是，我结交了不少新朋友。他们都是著名的书法家、画家、诗人、作家、教授。我们彼此之间，除了真挚的感情和友谊之外，绝无所求于对方。我是相信缘分的，"有缘千里来相会，无缘对面不相识"，缘分是说不明道不白的东西，但又确实存在。我相信，我同朋友之间就是有缘分的。我们一见如故，无话不谈。没见面时，总惦记着见面的时间，既见面则如鱼得水，心旷神怡；分手后又是朝思暮想，忆念难忘。对我来说，他们不是亲属，胜似亲属。有人说："人生得一知己足矣。"我得到的却不只是一个知己，而是一群知己。有人说我活得非常滋润。此情此景，岂是"滋润"二字可以了得！

我是一个呆板保守的人，秉性固执。几十年养成的习惯，我决不改变。一身卡其布的中山装，国内外不变，季节变化不变，别人认为是老顽固，我则自称是"博物馆的人物"，以示"抵抗"，后发制人。生活习惯也决不改变。四五十年来养成了早起的习惯，每天早晨四点半起床，前后差不了五分钟。古人说"黎明即起"，对我来说，这话夏天是适合的，冬天则是在黎明之前几个小时，我就起来了。我五点吃早点，可以说是先天下之早点而早点。吃完立即工作。我的工作主要是爬格子。几十年来，我已经爬出了上千万的字。这些东西都值得爬吗？我认为是值得的。我爬出的东西不见得都是精金粹玉，都是甘露醍醐，吃了能让人升天成仙。但是其中绝没有毒药，绝没有假冒伪劣，读了以后至少能让人获得点享受，能让人爱国，爱乡，爱人类，爱自然，爱儿童，爱一切美好的东西。总之一句话，能让人在精神境界中有所收益。我常常自己警告说：人吃饭是为了活着，但活着绝不是为了吃饭。人的一生是短暂的，绝不能白白把生命浪费掉。如果我有一天工作没有什么收获，晚上躺在床上就疚愧难安，认为是慢性自杀。爬格子有没有名利思想呢？坦白地说，过去是有的。可是到了今天，名利对我都没有什么用处了，我之所以仍然爬，是出于惯性，其他冠冕堂皇的话，我说不出。"爬格不知老已至，名利于我如浮云"，或可能道出我现在的心情。

你想到过死没有呢？我仿佛听到有人在问。好，这话正问到节骨眼上。是的，我想到过死，过去也曾想到死，现在想得更多而已。在"十年浩劫"中，在1967年，一个千钧一发般的小插曲使我避免了走上"自绝于人民"的道路。从那以后，我认为，我已经死过一次，多活一天，都是赚的，到现在已经三十多年了，我真赚了个满堂满贯，真成为一个特殊的大富翁了。但人总是要死的，在这方面，谁也没有特权，没有豁免权。虽然常言道："黄泉路上无老少"，但是，老年人毕竟有优先权。燕园是一个出老寿星的宝地。我虽年届九旬，但按照年龄顺序排队，我仍落在十几名之后。我曾私自发下宏愿大誓：在向八宝山的攀登中，我一定按照年龄顺序鱼贯而登，决不抢班夺权，硬去加塞。至于事实究竟如何，那就请听下回分解了。

既然已经死过一次，多少年来，我总以为自己已经参悟了人生。我常拿陶渊明的四句诗当作座右铭："纵浪大化中，不喜亦不惧。应尽便须尽，无复独多虑。"现在才逐渐发现，我自己并没能完全做到。常常想到死，就是一个证明，我有时幻想，自己为什么不能像朋友送给我摆在桌上的奇石那样，自己没有生命，但也绝不会有死呢？我有时候也幻想：能不能让造物主勒住时间前进的步伐，让太阳和月亮永远明亮，地球上一切生物都停住不动、不老呢？哪怕是停上十年八年呢？大家千万不要误会，认为我怕死怕得要命。绝不是那样。我早就认识到，永远变动，永不停息，是宇宙根本规律，要求不变是荒唐的。万物方生方死，是至理名言。江文通《恨赋》中说："自古皆有死，莫不饮恨而吞声。"那是没有见地的庸人之举，我虽庸陋，水平还不会那样低。即使我做不到热烈欢迎大限之来临，我也绝不会饮恨吞声。

　　但是，人类是心中充满了矛盾的动物，其他动物没有思想，也就不会有这样多的矛盾。我忝列人类的一分子，心里面的矛盾总是免不了的。我现在是一方面眷恋人生，一方面却又觉得，自己活得实在太辛苦了，我想休息一下了。我向往庄子的话："大块载我以形，劳我以生。"大家千万不要误会，以为我就要自杀。自杀那玩意儿我决不会再干了。在别人眼中，我现在活得真是非常非常惬意了。不虞之誉，纷至沓来；求全之毁，几乎绝迹。我所到之处，见到的只有笑脸，感到的只有温暖。时时如坐春风，处处如沐春雨，人生至此，实在是真应该满足了。然而，实际情况却并不完全是这样惬意。古人说："不如意事常八九。"这话对我现在来说也是适用的。我时不时地总会碰到一些令人不愉快的事情，让自己的心情半天难以平静。即使在春风得意中，我也有自己的苦恼。我明明是一头瘦骨嶙峋的老牛，却有时被认成是日产鲜奶千磅的硕大的肥牛。已经挤出了奶水五百磅，还求索不止，认为我打了埋伏。其中情味，实难以为外人道也。这逼得我不能不想到休息。

我现在不时想到，自己活得太长了，快到一个世纪了。九十年前，山东临清县一个既穷又小的官庄出生了一个野小子，竟走出了官庄，走出了临清，走到了济南，走到了北京，走到了德国；后来又走遍了几个大洲，几十个国家。如果把我的足迹画成一条长线的话，这条长线能绕地球几周。我看过埃及的金字塔，看到两河流域的古文化遗址，看过印度的泰姬陵，看到非洲的撒哈拉大沙漠，以及国内外的许多名山大川。我曾住过总统府之类的豪华宾馆，会见过许多总统、总理一级的人物，在流俗人的眼中，真可谓极风光之能事了。然而，我走过的漫长的道路并不总是铺着玫瑰花的，有时也荆棘丛生。我经过山重水复，也经过柳暗花明；走过阳关大道，也走过独木小桥。我曾到阎王爷那里去报到，没有被接纳。终于曲曲折折、颠颠簸簸、坎坎坷坷、磕磕碰碰，走到了今天。现在就坐在燕园朗润园中一个玻璃窗下，写着《九十述怀》。窗外已是寒冬。荷塘里在夏天接天映日的荷花，只剩下干枯的残叶在寒风中摇曳。玉兰花也只留下光秃秃的枝干在那里苦撑。但是，我知道，我仿佛看到荷花蜷曲在冰下淤泥里做着春天的梦；玉兰花则在枝头梦着"春意闹"。它们都在活着，只是暂时地休息，养精蓄锐，好在明年新世纪，新千年中开出更多更艳丽的花朵。

我自己当然也在活着。可是我活得太久了，活得太累了。歌德暮年在一首著名的小诗中想到休息，我也真想休息一下了。但是，这是绝对不可能的。我就像鲁迅笔下的那一位"过客"那样，我的任务就是向前走，向前走。前方是什么地方呢？老翁看到的是坟墓，小女孩看到的是野百合花。我写《八十述怀》时，看到的是野百合花多于坟墓，今天则倒了一个个儿，坟墓多而野百合花少了。不管怎样，反正我是非走上前去不行的，不管是坟墓，还是野百合花，都不能阻挡我的步伐。冯友兰先生的"何止于米"，我已经越过了米的阶段。下一步就是"相期以茶"了。我觉得，我目前的选择只有眼前这一条路，这一条路并不遥远。等到我十年后再写《百岁述怀》的时候，那就离茶不远了。

2000 年 12 月 20 日

# 梦游二十一世纪

21世纪就在眼前，不久我们就能够亲身莅临，何劳梦游？但是，我们眼前还毕竟是处在20世纪中，要谈21世纪，只能梦游了。

21世纪究竟是个什么样子呢？我不相信20世纪的最后一天和21世纪的最初一天会有什么区别。早晨，太阳照样从东方出来；晚上，太阳照样在西方落下，一切几乎都一模一样。

但是，我认为，既然是21世纪，必然有其特点，不过，这个特点绝不会一下子就显露出来的，这是一个缓慢的逐渐显露的过程。在这个世纪的初叶，只能渐露端倪，到了2050年左右，它已如日中天，整个特点都会毫无保留地显露出来了。

对于那一点特点，我现在只能做梦。

我梦到，近几百年以来，西方的科学技术给人民——全世界人民——带来了空前的幸福；但是，其基础是"征服自然"，与自然为敌，因而受到了大自然的惩罚，产生了许多弊端，比如大气污染、环境污染、生态失衡、物种灭绝，如此等等，不一而足，切盼到了 21 世纪能有所改变，能改恶向善。要想做到这一点，必须以东方"天人合一"的思想，济西方思想之穷，也就是说，人类必须同大自然为友，双方互相了解，增强友谊，然后再伸手向大自然要衣、要食、要住、要行。只有这样，人类才能避免现在面临的这一些灾难。

我梦到，我们的国家继续安定团结，繁荣昌盛下去。政府中减少了官气，社会上杜绝了假冒伪劣。人民的伦理道德水平提高，人文素质教育加强。五十六个民族团结得像一个人。南方不再洪水泛滥，北方没有森林火灾。天比现在蓝，水比现在清，一片祥和气象。

我梦到，在每一个家庭里，父慈子孝，兄友弟恭，夫妻相敬相爱，相忍相让。像眼前这样的一些青年对恋爱和婚姻的轻率态度，再也看不到了。对待爱情坚贞真实，谁也不做露水夫妻，把离婚当作家常便饭。原本温馨的家庭更温馨了；原本不温馨的家庭变得逐渐温馨起来。在任何时代，人生都是一场搏斗，搏斗就难免惊涛骇浪。在这样的浪涛中，有胜利者，当然也有失败者。在整个社会中，家庭对这样的浪涛来说，就是一个安全的避风港。胜利者回到这个避风港中，在温馨的气氛中，细细品味这胜利的甜蜜；失败者回到这个避风港中，追忆和分析失败的教训，家庭的温馨会增强他的斗志。回忆之余，奋然而起，他又有了足够的勇气和力量，再回到社会中，继续拼搏，勇往直前，必须胜利在握而后止。家庭的作用大矣哉！

我梦到，个人也有了新的变化和起色。对世界来说，他是一个世界公民。对国家来说，他是一个国家公民。对社会来说，他是其中的一分子。他应当在道德方面不断修养和锻炼，能做到"苟日新，日日新，又日新"，成为一个有用的人，成为一个正直的人。对世界，对国家和社会，对家庭都能尽上应尽的责任。他绝不应当像杨花柳絮一样，虽然一时能飞满春城，但是随风飘荡，毫无自主能力，到头来，虽然给骚人墨客增添一些灵感，写出了美妙绝伦的诗词，自己最终却落到泥土地上，化为尘埃，消逝得无影无踪。

我想做和能做的梦还有很多很多，今天就先做这一些，至于能否成为现实，那就不能由我来决定，这要由每一个人自己决定，一方面要奋发图强，另一方面还必须靠点机遇，二者缺一不可。不管怎么样，我的梦是异常美妙的。我切盼，到了21世纪某一个时刻，我的梦能够完全实现，喜气盈大地，春色满寰中，全世界人民共庆升平。

1999 年 10 月 23 日

183

# 千禧感言

　　稚珊来信，要我写一篇关于世纪转换的文章。这样的要求，最近一个时期以来，我已经接到过不知多少次了，电台、报纸、杂志等，都曾对我提出过这样的要求。但是，我都一一谢绝了。原因不是由于这样的文章难写，恰恰相反，这样的文章很容易写，只须写上几句大话和套话，再加上几句假话，不费吹灰之力，一篇文章就完成了。这样的文章，除了浪费纸张和人们的时间以外，一点效果也不会有。

　　但是，稚珊的要求我没加考虑就立即应允了。原因是，《群言》是一份比较敢讲一点真话的杂志，而我又与《群言》有多年的友谊。为《群言》写点什么，是我的光荣，也是我的义务。我也想通过我写的东西多少能够反映出像我这样平民老百姓的心声，对我们的领导机关会有益处的。我写的东西，不会有套话、大话，至于真话是否全都讲了出来，那倒不敢说。我只能保证，我讲的全是真话。

旧日每逢新年，总有贴新门联的习惯，门联词藻美而丰富，最常用的是"一元复始，万象更新"。对仗工整，含义深刻。但是汉语是一种模糊性很强的语言。我们使用这种语言的人，往往习以为常，不去推敲。即如上面这两句话，说的是具体情况呢，还仅仅是希望？我个人的语感是，这仅仅是希望。一元虽已复始，眼前万象还未必就能更新。我现在要说：世纪——甚至千纪——复始，万象更新，也绝不是说，2000年的第一天同1999年的最后一天，其间会有天大的变化。就以常识而论，那也是绝不可能的，这不过是表示我的愿望而已。21世纪的特点是一定会出现的，不过绝不会一蹴而就。

我对21世纪究竟有什么希望呢？

先从大的讲起。首先，我希望世界和平，民族团结。但是，我自己立即否定了这个希望，这是根本办不到的。眼前的世界大国，特别是那个唯一的超级大国，一点也没有接受20世纪两次世界大战的惨痛教训，仍然自我感觉十分良好，颐指气使，横行霸道，以世界警察自居。我希望，我们中国人民不要为花言巧语所迷惑，奋发图强，加强团结，随时保留一点忧患意识，准备对付一切可能发生的外来的侵略，保卫我们的祖国。

其次是对我们国家的希望。改革开放确实给我们国家带来了翻天覆地的变化，经济繁荣，政局安定，人民生活有了提高。总起来看，确有一个安定团结的局面。但这仅仅是一面，也不是没有令人担忧的一面。我不懂经济，但是我从《参考消息》上看到一则外国评论中国经济的报道，其中讲到中国国有经济在某一些方面给中国带来了一些麻烦，详情我不清楚，不敢妄加评论。但是，《参考消息》敢于刊登，其中必有依据，我们的最高领导班子对这个问题是十分清楚的，也正在采取措施。我希望这个问题能够尽早地尽善尽美地得到解决。

从人类生存的前途来看，多少年来，我就提出了一个看法：西方自产业革命以后，恶性膨胀逐渐形成的对大自然诛求无厌的要求，也就是所谓"征服自然"的做法，现在已经产生了严重的后果。现在全世界各国政府都对环保问题异常重视。但是却没有什么人追究造成这种现象的根源。我认为，这是一种缺少远见卓识的表现。我一向主张，中国的，同时也是东方的"天人合一"的思想，也就是人类要与大自然为友、不要为敌的思想，能济西方思想之穷。我这种想法，反对的人有，赞成的人也有。我则深信不疑。我希望，21世纪走到某一个阶段时，人类文化会在融合的基础上突出东方文化的作用，明辨而又笃行之。

还有一件让我忧心忡忡的事，这就是：中国公民中某一些人素质不高，道德滑坡的现象。谁也无法否认，中华民族是一个伟大的民族。但是，在伟大的后面也确有不够伟大的地方，对此熟视无睹是有害无益的。例子用不着多举，我只举一个随地吐痰的坏习惯。这样做是一切文明国家所没有的。然而在中国却是司空见惯，屡禁不止。前不久，中国庆祝新中国成立五十年的喜事，北京市政府和各界人士，费了九牛二虎之力，把北京打扮得花团锦簇，净无纤尘，谁看了谁爱。然而，曾几何时，国庆后不到一个月，许多地方又故态复萌，花坛和草地遭到破坏践踏，烟头随处乱丢，随地吐痰也不稀见。还有一些破坏公共设施的现象，连风光旖旎的燕园内也不例外。这种破坏对肇事者本人一点好处也没有，对群众则带来了莫大的不方便。我真不了解，这些人是何居心。这样的人，如果只有几个，则世界任何文明国家都难以避免。可惜竟不是这样子，看来人数并不太少。这一批害群之马，实在配不上是伟大民族的一部分。救之方法何在？我觉得，过去主要靠说教，事实证明，用处不大。我认为，必须加以严惩。捉到你一次，罚得你长久不能翻身。只有这样才能奏效，新加坡就是一个例子。在此万象更新之际，我希望在21世纪某一个时候，这种现象能够绝迹，至少是能够减少。伟大的中华民族真正能显出伟大的本色，岂不猗欤休哉！

　　我在20世纪，有"世纪老人"之称。到了21世纪，绝不可能再成为"世纪老人"了。但是，我对21世纪却不知道有多少希望。凡是20世纪没有能够做到的事情，我都寄希望于21世纪。希望太多，只能举出上面说到的几个，以概其余。在世纪之初，本来是应该多说一些吉利话的。但是，我在上面已经声明过，我不说大话，不说假话。我认为，那样做，既对不起《群言》，也对不起全国人民。其实我说的话，不管听起来多么不顺耳，里面却有大吉大利的内涵。如果把那些弊端除掉，不就是大吉大利了吗？我真希望，大吉大利能降临我国；我真希望，国泰民安；我真希望，人民的素质越来越提高；我真希望，人民越过越幸福；我真希望，我国能成为一个名副其实的经济文化大国，巍然立于全世界民族之林中。

1999年11月1日

# 新世纪新千年寄语

人们往往有这样的经验：过去带来惆怅，现在带来迷惘，未来带来希望。

现在，一个新世纪，新千年就要来到我们的眼前了。这正是人们让幻想驰骋、对未来提出希望的最佳时刻。

在我国报刊、杂志上，在开会的发言中，人们确实已经提出了五花八门的希望。我想，全世界恐怕也是这个样子吧。许多政治家、文学家、艺术家、学者、商业界的大款等都提出了自己的希望，希望政治如何如何，希望经济如何如何，希望文学如何如何，希望学术如何如何，希望人文素质如何如何，让人眼花缭乱，煞是热闹。然而独独没有人，至少是很少有人提出如何处理好人与自然的关系问题，而我个人认为，这才是未来的关键。

恩格斯在《自然辩证法》中说："我们不能过分陶醉于我们

对自然界的胜利，对于每一次这样的胜利，自然界都报复了我们。"恩格斯真不愧是马克思主义奠基人之一。在一百多年以前，当时自然界对人类的报复还不太显著或者只能说是初露端倪，可是伟大的恩格斯已经注意到了，而且给世人敲响了警钟。对这样天才的预见和警告，我们能不五体投地地赞佩吗？

眼前世界的形势已经充分地证明了恩格斯预见之伟大与睿智。许多自然界和人类社会的现象已经充分证明了自然界正在日益强烈地对我们人类进行着报复。稍有头脑的人都能看到，例子是不胜枚举的。

然而我们的反应怎样呢？除了少数有识之士外，大多数人，包括一些国家的领导人在内还在懵懵懂懂，驰骋于蜗角，搏斗于蚁冢，美国在演着总统选举的闹剧，中东在演着巴以冲突的悲剧，全球狼烟四起，动荡混乱，如果真有一个造物主的话——我不相信真有——他站在宇宙某一个地方，俯视地球村里的几台大戏正在演得红红火火，难道他不会像我们人类一样，看到地上的蚁群厮杀，积尸满地，流血——蚂蚁不知有血没有——成河，不禁莞尔而笑吗？

我虔诚希望，我们人类要同大自然成为朋友，不要再视它为敌人，成了朋友以后，再伸手向它要衣，要食，要一切我们需要的东西。

这就是我的新千年寄语。

2000 年 12 月 15 日

# 迎新怀旧

　　我可真正是万万也没有想到，我能够活到八十九岁，迎接一个新世纪和新千年的来临。

　　我经常说到，我是幼无大志的人。其实我老也无大志，那种"大丈夫当如是也"的豪言壮语，我觉得，只有不世出的英雄才能说出。但是，历史的记载是否可靠，我也怀疑。刘邦和朱元璋等地痞流氓，一无所有，从而一无所惧，运气好成了皇上。一批帮闲的书生极尽拍马之能事，连这一批流氓的并不漂亮的长相也成了神奇的东西，在这些书生笔下猛吹不已。他们年轻时未必有这样的豪言壮语，书生也臆造出来，以达到吹拍的目的。

　　这话扯远了，还是谈我自己吧。我的"无大志"表现在各个方面，在年龄方面也有表现。我的父母都只活四十岁多一点。我自己想，我决超过父母的，能活到五十岁，我就应该满足了。记得大概是五十年代，我四十多岁的时候，忽发奇想，想到我能否看到一个新世纪。我计算了一下，我必须活到八十九岁，才能做到。八十九岁，对当时的我来说，简直是一个天文数字，古今中外的文人，有几个能活到这个岁数的？这简直像是蓬莱三山，烟波渺茫，可望而不可即。

然而曾几何时，知命之年，倏尔而逝；耳顺之年，也没有留下什么痕迹，在古稀之年也没能让我有古稀的感觉。物换星移，岁月流逝，我却懵懵然，木木然，没有一点感觉，"高堂明镜悲白发"，我很少揽镜自照，头发变白自己是感觉不到的。只有在校园中偶尔遇到一位熟人，几年不见，发已半白，心里蓦地震颤了一下。被人称呼，从"老季"变成了"季老"，最初觉得有点刺耳。此外则一切平平常常，平平常常。弹指一瞬间，自己竟然活到了八十九岁，迎接了新世纪和新千年，当年认为无法想象的，绝对办不到的，当年的蓬莱三山，"今朝都到眼前来"了。岂不大可喜哉！然而又岂不大可惊哉！

记得有两句诗："凡所难求皆绝好，及能如愿便平常。"我现在深深地认识到在朴素语言中蕴含的真理。我现在确实如愿了。但是心情平常到连平常的感觉都没有了。现在是 2000 年 1 月 1 日，同 1999 年的 12 月 31 日，除了多了一天以外，绝没有任何不同的地方。早晨太阳从东方升起，到了晚上，仍然会在西方落下。环顾我的房间，依然是插架盈室，书籍盈架。窗台上的那几盆花草依然绿叶葳蕤，春意盎然。窗外是严冬。荷塘里只剩下了残荷的枯枝，在寒风中抖动。冰下水中鱼儿们是在游泳，还是在睡眠？我不得而知。埋在淤泥中莲藕是在蔓延，还是在冬眠？我也不得而知。荷花如果能做梦的话，我想，它们会梦到春天，坚冰融化，春水溶溶，它们又能长出尖尖的角，笑傲春风了。

荷花是不会知道什么20世纪21世纪的。大千世界的一切动植物都不知道。它们仅仅知道日和夜以及季节的变换这些自然界的现象。只有天之骄子人类才有本领耍出一些新花样，自己耍出来以后，自己又顶礼膜拜，深信不疑。神仙皇帝就属于这一类，世纪和千年也属于这一类。就拿昨天才结束的20世纪的世纪末来说，明明是自己制造出来的东西，却似乎有了无限的神力。多少年来，世界各国不知有多少聪明睿智之士，大谈他们自己制造出来的世纪末问题，又是总结20世纪的经验教训，又是侈谈21世纪的这个那个，喧啾纷争，煞是热闹；人各自是其是而非他人之是。一时文坛、学坛，还有什么坛，议论蜂起，杀声震天。倘若在高天上某一个地方真有一位造物主的话，他下视人寰，看到一群小动物角斗，恐怕会莞尔而笑吧。

我自己不比任何人聪明，我也参加到这一系列的纷争里来。我谈的主要是文化问题，20世纪和21世纪东西文化的关系问题。我认为，20世纪是全部人类历史上发展最快的一个世纪。在这个世纪以前西方发生的产业革命大大地解放了生产力，二百多年内，给人类创造了巨大的财富和福利，全世界人民皆受其惠。但这只是事情的一个方面。另一个方面则是并不美好的，由于西方人以"征服自然"为鹄的，对大自然诛求无厌，结果遭到了大自然的报复和惩罚，产生了许多弊端和祸害。这些弊端和

北京寄语　季羡林

不佞重申三论证：二十一世
纪将为东方文化重现辉煌之世
纪。西方科技文明为人类创
造日大福利，此为吾人所不能否
者。但其唇舌之弊病之阴暗层层
人类生存而临灭。吾辈对其倡导
传统而继承而发扬之，对此弊端
必坚决纠正之，此乃之期主席所遗
佬志，无得不尔也。

佛学为东方文化重要组成部分
尊王褚尼泊尔在印度，西土弘扬者
中华。东今後之识世纪中，华夏之职
责印在发扬而光大之。吾佛所
学闢光志，此不可等闲视之。

一九九二年二月

季羡林先生书法作品《北京寄语》

灾害彰彰在人耳目，用不着我再来细数。现在世界上几乎所有的政府和人民团体都在高呼"环保"，又是宣传，又是开会，一时甚嚣尘上。奇怪的是，竟无一人提到环保问题产生的根源。为什么欧洲的中世纪和中国的汉唐时代，从来没有什么环保问题呢？这情况难道还不值得人们深思吗？

我自己把环保问题同 20 世纪和 21 世纪挂上了钩，同东西文化挂上了钩。同时我又常常举一个民间流传的近视眼猜匾的笑话，说 21 世纪这一块匾还没有挂了出来，我们现在乱猜匾上的大字，无疑都是近视眼。能吹嘘看到了匾上的字的人，是狡猾者，是事前向主事人打听好了的。但是这种狡猾行动，对匾是可以的，对 21 世纪则是行不通的。难道谁有能耐到上帝那里去打听吗？我主张在 21 世纪东方天人合一的思想——这是东方文化的精华——能帮助人们解决环保问题。我似乎已经看到了还没有挂出来的匾上的字。不是我从上帝那里打听来的，是我根据自己的观察和思考得出来的，我是我自己的上帝。

昨天夜里，猛然醒来，开灯一看，时针正指十二点，不差一分钟。我心里一愣：我现在已是 21 世纪的人了。未多介意，关灯又睡。早晨七点，乘车到中华世纪坛去，同另外九个科学界闻人，代表学术界十个分支，另外配上十个儿童，共同撞新铸成的世纪钟王二十一响，象征科学繁荣。钟声深沉洪亮，在北京上空回荡。这时，我的心蓦地一阵颤动，21 世纪几个大字沉重地压在我的心头，真正感觉"往事越千年"，我自己昨天还是 20 世纪的"世纪老人"，而今一转瞬间，我已成为 21 世纪的

"新人"了。

在这关键的时刻，我过去很多年热心议论的一些问题，什么东西方文化，什么环保，什么天人合一，什么分析的思维模式和综合的思维模式，等等，都从我心中隐去。过去侈谈 21 世纪，等到 21 世纪真正来到了眼前，心中却是一个大空虚。中国古书上那个叶公好龙的故事是很有启发意义的。

然而，我心中也并不是完全的真正的空虚，我想到了我自己。我现在确确实实是八十九岁了。这是古今中外都艳羡的一个年龄。我竟于无意中得之，不亦快哉！连我这个少无大志老也无大志的人都不得不感到踌躇满志了。但是，我脑海里立即出现了一个问题：活大年纪究竟是好事呢？还是坏事？这问题还真不易答复。爱活着是人之常情，连中国老百姓都说"好死不如赖活着"，我焉能例外！但是，活得太久了，人事纷纭，应对劳神。人世间的一些魑魅魍魉的现象，看多了也让人心烦。德国大诗人歌德晚年渴望休息（ruhen）的名诗，正表现了这种心情。我有时候也真想休息了。

中国古代诗文中有不少鼓励老年人的话，比如"老骥伏枥，志在千里。烈士暮年，壮心不已"。又如"天意怜幽草，人间重晚晴"。又如"余霞尚满天"，等等。读起来也颇让老人振奋。但是，仔细于字里行间推敲一下，便不难发现，这些诗句实际上是为老人打气的，给老人以安慰的，信以为真，便会上当。

那么，老年人就全该死了吗？也不是的。人老了，识多见广，正反两面的经验教训都非常丰富，这些东西对我们国家还是有用处的，只要不倚老卖老，不倚老吃老，人类社会还是需要老人的。佛经里面有一个《弃老国缘》的故事，说的就是这一番道理。在现在的中国，在 21 世纪的中国，活着无疑还是一种乐事。我常常说：人们吃饭为了活着，但活着不是为了吃饭。这是我的最根本的信条之一。我也身体力行。我现在仍然是黎明即起，兀兀穷年，不求有惊人之举，但求无愧于心，无愧于吃下去的饭。

在北京大学校内，老教授有一大批。比我这个 89 岁的老人更老的人，还有十几位。如果在往八宝山去的路上按年龄顺序排一个队的话，我绝不在前几名。我曾说过，我决不会在这个队伍中抢先夹塞，我决心鱼贯而前，轮到我的时候，我说不定还会溜号躲开，从后面挤进比我年轻的队伍中。

多少年来，我成了陶渊明的信徒。他的那一首诗：

纵浪大化中，不喜亦不惧。

应尽便须尽，无复独多虑。

我感到，我现在大体上能够做到了，对生死之事，我确实没有多虑。关键在一个"应"字，这个"应"字由谁来掌管，由谁来决定呢？我不能知道，反正不由我自己来决定。既然不由我自己来决定，那么——由它去吧。

2000 年 1 月 1—3 日

# 季羡林忆师友

我生平要感谢的师辈和友辈，颇有几位，尽管我对我这一生并不完全满意，但是有了这样的师友，我可以说是不虚此生了。

# 我的读书经历

　　我于 1911 年 8 月 6 日生于山东省清平县（现并入临清市）官庄。我们家大概也小康过。可是到了我出生的时候，祖父母双亡，家道中落，形同贫农。父亲亲兄弟三人，无怙无恃，孤苦伶仃，一个送了人，剩下的两个也是食不果腹、衣不蔽体，饿得到枣林里去捡落到地上的干枣来吃。

　　六岁以前，我有一个老师马景恭先生。他究竟教了我些什么，现在完全忘掉了，大概只不过几个字罢了。六岁离家，到济南去投奔叔父。他是在万般无奈的情况下逃到济南去谋生的，经过不知多少艰难险阻，终于立定了脚跟。从那时起，我才算开始上学。曾在私塾里念过一些时候，念的不外是《百家姓》《千字文》《三字经》"四书"之类。以后接着上小学。转学的时候，因为认识一个"骡"字，老师垂青，从高小开始念起。

　　我在新育小学考过甲等第三名、乙等第一名，不是拔尖的学生，也不怎样努力念书。三年高小，平平常常。有一件事值得提出来谈一谈：我开始学英语。当时正规小学并没有英语课。我学英语是利用业余时间，上课是在晚上。学的时间不长，只不过学了一点语法、一些单词而已。我当时有一个怪问题："有"和"是"都没有"动"的意思，为什么叫"动词"呢？后来才逐渐了解到，这只不过是一个译名不妥的问题。

我万万没有想到，就由于这一点英语知识，我在报考中学时沾了半年光。我这个人颇有点自知之明，有人说，我自知过了头。不管怎样，我幼无大志，却是肯定无疑的。当时山东中学的拿摩温（英文 number one 的谐音，即"第一号"）是山东省立第一中学。我这个癞蛤蟆不敢吃天鹅肉，我连去报名的勇气都没有，我只报了一个"破"正谊。可这个学校考试时居然考了英语。出的题目是汉译英："我新得了一本书，已经读了几页，可是有些字我不认得。"我翻出来了，只是为了不知道"已经"这个词儿的英文译法而苦恼了很长时间。结果我被录取，不是一年级，而是一年半级。

在正谊中学学习期间，我也并不努力，成绩徘徊在甲等后几名、乙等前几名之间，属于上中水平。我们的学校毗邻大明湖，风景绝美。一下课，我就跑到校后湖畔去钓虾、钓蛤蟆，不知用功为何物。但是，叔父却对我期望极大，要求极严。他自己亲自给我讲课，选了一本《课侄选文》，大都是些理学的文章。他并没有受过什么系统教育，但是他绝顶聪明，完全靠自学，经史子集都读了不少，能诗，善书，还能刻图章。他没有男孩子，一切希望都寄托在我身上。他严而慈，对我影响极大。我今天勉强学得了一些东西，都出于他之赐，我永远不会忘掉。根据他的要求，我在正谊下课以后，参加了一个古文学习班，读了《左传》《战国策》《史记》等书，当然对老师另给报酬。晚上，又要到尚实英文学社去学英文，一直到十点才回家。这样的日子，大概过了八年。我当时并没有感觉到有什么负担；但也不了解其深远意义，依然顽皮如故，摸鱼钓虾而已。现在回想起来，我今天这一点不管多么单薄的基础不是那时打下的吗？

至于我们的正式课程，国文、英、数、理、生、地、史都有。国文念《古文观止》一类的书，要求背诵。英文念《泰西五十轶事》《天方夜谭》《莎氏乐府本事》《纳氏文法》等。写国文作文全用文言，英文也写作文。课外，除了上补习班外，我读了大量的旧小说，什么《三国》《西游》《封神演义》《说唐》《说岳》《济公传》《彭公案》《三侠五义》等无不阅读。《红楼梦》我最不喜欢。连《西厢记》《金瓶梅》一类的书，我也阅读。这些书对我有什么影响，我说不出，反正我并没有想去当强盗或偷女人。

初中毕业以后，在正谊念了半年高中。1926 年转入新成立的山东大学附设高中。山东大学的校长是前清状元、当时的教育厅长王寿彭。他提倡读经。在高中教读经的有两位老师，一位是前清翰林或者进士，一位绰号"大清国"，是一个顽固的遗老。两位老师的姓名我都忘记了，只记住了绰号。他们上课，都不带课本，教《书经》和《易经》，都背得滚瓜烂熟，连注疏都在内，据说还能倒背。教国文的老师是王崑玉先生，是一位桐城派的古文作家，有自己的文集。后来到山东大学去当讲师了。他对我的影响极大。记得第一篇作文题目是《读〈徐文长传〉书后》。完全出我意料，这篇作文受到他的高度赞扬，批语是"亦简劲，亦畅达"。我在吃惊之余，对古文产生了浓厚的兴趣，弄到了《韩昌黎集》《柳宗元集》，以及欧阳修、三苏等的文集，想认真钻研一番。谈到英文，由于有尚实英文学社的底子，别的同学很难同我竞争。还有一件值得一提的事情是，我也学了德文。

由于上面提到的那些，我在第一学期考了一个甲等第一名，而且平均分数超过九十五分。因此受到了王状元的嘉奖。他亲笔写了一副对联和一个扇面奖给我。这当然更出我意料。我从此才有意识地努力学习。要追究动机，那并不堂皇。无非是想保持自己的面子，决不能从甲等第一名落到第二名，如此而已。反正我在高中学习三年中，六次考试，考了六个甲等第一名，成了"六连贯"，自己的虚荣心得到了充分的满足。

这是不是就改变了我那幼无大志的情况呢？也并没有。我照样是鼠目寸光，胸无大志，我根本没有发下宏愿，立下大志，终身从事科学研究，成为什么学者。我梦寐以求的只不过是毕业后考上大学，在当时谋生极为困难的条件下，抢到一只饭碗，无灾无难，平平庸庸地度过一生而已。

1929年，我转入新成立的山东省立济南高中，学习了一年，这在我一生中是一个重要的阶段。特别是国文方面，这里有几个全国闻名的作家：胡也频、董秋芳、夏莱蒂、董每戡等。前

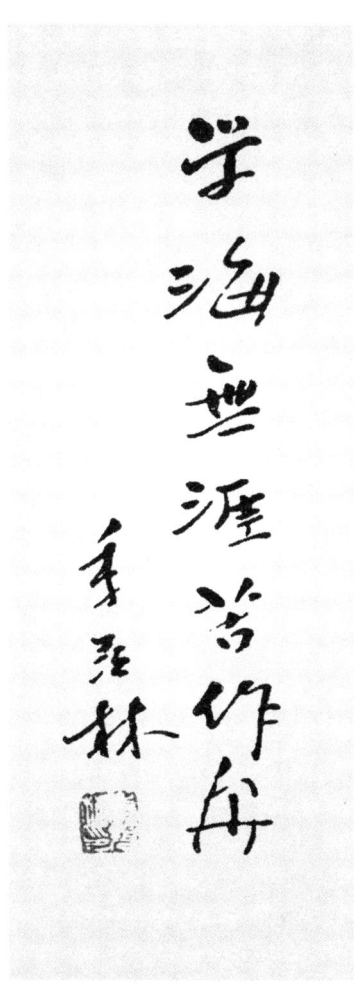

季羡林先生题写的"学海无涯苦作舟"

两位是我的业师。胡先生不遗余力地宣传现代文艺，也就是普罗文学。我也迷离模糊，读了一些从日文译过来的马克思主义文艺理论。我曾写过一篇《现代文艺的使命》，大概是东抄西抄，勉强成篇。不意竟受到胡先生垂青，想在他筹办的杂志上发表。不幸他被国民党反动派通缉，仓促逃往上海，不久遇难。我的普罗文学梦也随之消逝。接他工作的是董秋芳（冬芬）先生。我此时改用白话写作文，大得董先生赞扬，认为我同王联榜是"全校之冠"。这当然给了我极大的鼓励。我之所以五十年来舞笔弄墨不辍，至今将近耄耋之年，仍然不能放下笔，全出于董老师之赐，我毕生难忘。

在这里，虽然已经没有经学课程，国文课本也以白话为主。我自己却没有放松对中国旧籍的钻研。我阅读的范围仍然很广，方面仍然很杂。陶渊明、杜甫、李白、王维、李义山、李后主、苏轼、陆游、姜白石等诗人、词人的作品，我都读了不少。这对我以后的工作起了积极的影响。

1930年，我高中毕业，到北平来考大学。由于上面说过的一些原因，当年报考中学时那种自卑心理一扫而光，有点接近狂傲了。当时考一个名牌大学，十分困难，录取的百分比很低。为了得到更多的录取机会，我那八十多位同班毕业生，每人几乎都报七八个大学。我却只报了北大和清华。结果我两个大学都考上了。经过一番深思熟虑，我选了清华，因为，我想，清华出国机会多。选系时，我选了西洋系。这个系分三个专修方向（specialized）：英文、德文、法文。只要选某种语言一至四年，就算是专修某种语言。其实这只是一个形式，因为英文是从小学就学起的，而德文和法文则是从字母学起。教授中外籍人士居多，不管是哪国人，上课都讲英语，连中国教授也多半讲英语。课程也以英国文学为主，课本都是英文的，有《欧洲文学史》《欧洲古典文学》《中世纪文学》《文艺复兴文学》《文艺批评》《莎士比亚》《英国浪漫诗人》《近代长篇小说》《文学概论》《文艺心理学（美学）》《西洋通史》《大一国文》《一二年级英语》等。

我的专修方向是德文。四年之内，共有三个教授授课，两位德国人，一位中国人。尽管我对这些老师都怀念而且感激，但是，我仍然要说，他们授课相当马虎。四年之内，在课堂上，中国老师只说汉语，德国老师只说英语，从来不用德语讲课。结果是，学了四年德文，我们只能看书，而不能听和说。我的学士论文是"*The Early Poems of Hölderlin*"（荷尔德林早期诗歌），指导教授是艾克。

在所有的课程中，我受益最大的不是正课，而是一门选修课：朱光潜先生的《文艺心理学》，还有一门旁听课：陈寅恪先生的《佛经翻译文学》。这两门课对我以后的发展有深远影响，可以说是一直影响到现在。我搞一点比较文学和文艺理论，显然是受了朱先生的熏陶；而搞佛教史、佛教梵语和中亚古代语言，则同陈先生的影响是分不开的。

顺便说一句，我在大学，课余仍然继续写作散文，发表在当时颇有权威性的报刊上。我可万万没有想到，那样几篇散文竟给我带来了好处。1934 年，清华毕业，找工作碰了钉子。母校山东济南高中的校长宋还吾先生邀我回母校任国文教员。我那几篇散文就把我制成了作家，而当时的逻辑是，只要是作家就能教国文。我可是在心里直打鼓：我怎么能教国文呢？但是，快到秋天了，饭碗还没有拿到手，我于是横下了一条心：你敢请我，我就敢去！我这个西洋文学系的毕业生一变而为国文教员。我就靠一部《辞源》和过去读的那一些旧书，堂而皇之当起国文教员来。我只有二十三岁，班上有不少学生比我年龄大三四岁，而且在家乡读过私塾。我实在是如履薄冰。

教了一年书，到了1935年，上天又赐给一个良机。清华大学与德国签订了交换研究生的协定。我报名应考，被录取。这一年的深秋，我到了德国哥廷根大学，开始了国外的学习生活。我选的主系是印度学，两个副系是英国语言学和斯拉夫语言学。我学习了梵文、巴利文、俄文、南斯拉夫文、阿拉伯文等，还选了不少的课。教授是西克、瓦尔德施米特、布朗思等。

这时第二次世界大战正在剧烈进行。德国被封锁，什么东西也输入不进来，要吃没吃，要穿没穿。大概有四五年的时间，我忍受了空前的饥饿，终日饥肠辘辘，天上还有飞机轰炸。我怀念祖国和家庭。"烽火连六年，家书抵亿金。"实际上我一封家书都收不到。就在这样十分艰难困苦的条件下，我苦读不辍。1941年，通过论文答辩和口试，以全优成绩，获得哲学博士学位。我的博士论文是：《〈大事〉中伽陀部分限定动词的变格》。

在这一段异常困苦的时期，最使我感动的是德国老师的工作态度和对待中国学生的态度。我是一个素昧平生的异邦青年，他们不但没有丝毫歧视之意，而且爱护备至，循循善诱。瓦尔德施米特教授被征从军，西克教授以耄耋之年，毅然出来代课。其实我是唯一的博士生，他教的对象也几乎就是我一个人。他把他的看家本领都毫无保留地传给我。他给我讲了《梨俱吠陀》《波你尼语法》，帕坦加利的《大疏》《十王子传》等。他还一定坚持要教我吐火罗文。他是这个语言的最高权威，是他把这本"天书"读通了的。我当时工作极多，又患神经衰弱，身心负担都很重。可是看到这位老人那样热心，我无论如何不能让老人伤心，便遵命学了起来。同学的还有比利时的瓦尔特·古句勒博士，后来成了名教授。

谈到工作态度，我的德国老师都是楷模。他们的学风都是异常的认真、细致、谨严。他们写文章，都是再三斟酌，多方讨论，然后才发表。德国学者的"彻底性"是名震寰宇的。对此我有深切的感受。可惜后来由于环境关系，我没能完全做到。真有点愧对我的德国老师了。

从 1937 年起，我兼任哥廷根大学汉学系讲师。这个系设在一座大楼的二层上，几乎没有人到这座大楼来，因此非常清静。系的图书室规模相当大，在欧洲颇有一些名气。许多著名的汉学家到这里来看书，我就碰到不少，其中最著名的有英国的阿瑟·韦利等。我在这里也读了不少的中国书，特别是笔记小说以及佛教大藏经，扩大了我在这方面的知识面。

我在哥廷根待了整整十个年头。1945 年秋冬之交，我离开这里到瑞士去，住了将近半年。1946 年春末，取道法国、越南、香港，夏天回到了别离将近十一年的祖国。

我的留学生活，也可以说是我的整个学生生活就这样结束了。这一年我三十五岁。

1946年秋天，我到北京大学来任教授，兼东方语言文学系主任。是我的老师陈寅恪先生把我介绍给胡适、傅斯年、汤用彤三位先生的。按当时北大的规定：在国外获得博士学位回国的，只能任副教授。对我当然也要照此办理。也许是我那几篇在哥廷根科学院院刊上发表的论文起了作用，我到校后没有多久，汤先生就通知我，我已定为教授。从那时到现在时光已经过去了四十二年，我一直没有离开北大过。期间我担任系主任三十来年，担任副校长五年。1956年，我当选中国科学院学部委员。"十年浩劫"中靠边站，挨批斗，符合当时的"潮流"。现在年近耄耋，仍然搞教学、科研工作，从事社会活动，看来离八宝山还有一段距离。以上这一切都是平平常常的经历，没有什么英雄业绩，我就不再啰唆了。

我体会，一些报刊之所以要我写自传的原因，是想让我写点什么治学经验之类的东西。那么，在长达六十年的学习和科研活动中，我究竟有些什么经验可谈呢？粗粗一想，好像很多；仔细考虑，无影无踪。总之是卑之无甚高论。不管好坏，鸳鸯我总算绣了一些。至于金针则确乎没有，至多是铜针、铁针而已。

我记得，鲁迅先生在一篇文章中讲了一个笑话：一个江湖郎中在市集上大声吆喝，叫卖治臭虫的妙方。有人出钱买了一个纸卷，层层用纸严密裹住。打开一看，妙方只有两个字：勤捉。

你说它不对吗？不行，它是完全对的。但是说了等于不说。我的经验压缩成两个字是勤奋。再多说两句就是：争分夺秒，念念不忘。灵感这东西不能说没有，但是，它不是从天上掉下来的，而是勤奋出灵感。

上面讲的是精神方面的东西，现在谈一点具体的东西。我认为，要想从事科学研究工作，应该在四个方面下功夫：一，理论；二，知识面；三，外语；四，汉文。唐代刘知几主张，治史学要有才、学、识。我现在勉强套用一下，理论属识，知识面属学，外语和汉文属才，我在下面分别谈一谈。

## 一、理论

现在一讲理论，我们往往想到马克思主义。这样想，不能说不正确。但是，必须注意几点。一，马克思主义随时代而发展，绝非僵化不变的教条。二，不要把马克思主义说得太神妙，令人望而生畏，对它可以批评，也可以反驳。我个人认为，马克思主义的精髓就是唯物主义和辩证法。唯物主义就是实事求是。把黄的说成是黄的，是唯物主义。把黄的说成是黑的，是唯心主义。事情就是如此简单明了。哲学家们有权利去作深奥的阐述，我辈外行，大可不必。至于辩证法，也可以作如是观。看问题不要孤立，不要僵死，要注意多方面的联系，在事物运动中把握规律，如此而已。我这种幼儿园水平的理解，也许更接近事实真相。

除了马克思主义以外，古今中外一些所谓唯心主义哲学家的著作，他们的思维方式和推理方式，也要认真学习。我有一个奇怪的想法：百分之百的唯物主义哲学家和百分之百的唯心主义哲学家，都是没有的。这就和真空一样，绝对的真空在地球上是没有的。中国古话说："智者千虑，必有一失"，就是这个意思。因此，所谓唯心主义哲学家也有不少东西值得我们学习。我们千万不要像过去那样把十分复杂的问题简单化和教条化，把唯心主义的标签一贴，就"奥伏赫变"（德语音译，意为"扬弃"）。

## 二、知识面

要求知识面广，大概没有人反对。因为，不管你探究的范围多么狭窄，多么专业，只有在知识广博的基础上，你的眼光才能放远，你的研究才能深入。这样说已经近于常识，不必再做过多的论证了。我想在这里强调一点，这就是，我们从事人文科学和社会科学研究的人，应该学一点科学技术知识，能够精通一门自然科学，那就更好。今天学术发展的总趋势是，学科界线越来越混同起来，边缘学科和交叉学科越来越多。再像过去那样，死守学科阵地，鸡犬之声相闻、老死不相往来，已经完全不合时宜了。此外，对西方当前流行的各种学术流派，不管你认为多么离奇荒诞，也必须加以研究，至少也应该了解其轮廓，不能简单地盲从或拒绝。

## 三、外语

外语的重要性，尽人皆知。若再详细论证，恐成蛇足。我在这里只想强调一点：从今天的世界情势来看，外语中最重要的是英语，它已经成为名副其实的世界语。这种语言，我们必须熟练掌握，不但要能读、能译，而且要能听、能说、能写。今天写学术论文，如只用汉语，则不能出国门一步，不能同世界各国的同行交流。如不能听说英语，则无法参加国际学术会议。情况就是如此地咄咄逼人，我们不能不认真严肃地加以考虑。

## 四、汉语

我在这里提出汉语来，也许有人认为是非常异议可怪之论。"我还不能说汉语吗？""我还不能写汉文吗？"是的，你能说，也能写。然而仔细一观察，我们就不能不承认，我们今天的汉语水平是非常成问题的。每天出版的报章杂志，只要稍一注意，就能发现别字、病句。我现在越来越感到，真要想写一篇准确、鲜明、生动的文章，绝非轻而易举。要能做到这一步，还必须认真下点功夫。我甚至想到，汉语掌握到一定程度，想再前进一步，比学习外语还难。只有承认这一个事实，我们的汉语水平才能提高，别字、病句才能减少。

我在上面讲了四个方面的要求。其实这些话都属于老生常谈，都平淡无奇。然而真理不往往就寓于平淡无奇之中吗？这同我在上面引鲁迅先生讲的笑话中的"勤捉"一样，看似平淡，实则最切实可行，而且立竿见影。我想到这样平凡的真理，不敢自秘，便写了出来，其意不过如野叟献曝而已。

我现在想谈一点关于进行科学研究指导方针的想法。六七十年前胡适先生提出来的"大胆的假设，小心的求证"，我认为是不刊之论，是放之四海而皆准的方针。古今中外，无论是社会科学，还是自然科学，概莫能外。在那一段教条主义猖獗、形而上学飞扬跋扈的时期内，这个方针曾受到多年连续不断的批判。我当时就百思不得其解。试问哪一个学者能离开假设与求证呢？所谓大胆，就是不为过去的先入之见所限，不为权威所囿，能够放开眼光，敞开胸怀，独具只眼，另辟蹊径，提出自己的假设，甚至胡思乱想，想入非非，亦无不可。如果连这一点胆量都不敢有，那只有循规蹈矩，墨守成法，鼠目寸光，拾人牙慧，个人绝不会有创造，学术绝不会进步。这一点难道还不明白，还要进行烦琐的论证吗？

总之，我要说，一要假设，二要大胆，缺一不可。

但是，在提倡"大胆的假设"的同时，必须大力提倡"小心的求证"。一个人的假设，绝不会一提出来就完全符合实际情况，有一个随时修改的过程。我们都有这样一个经验：在想到一个假设时，自己往往诧为"神来之笔"，是"天才火花"的闪烁，而狂欢不已。可是这一切都并不是完全可靠的。假设能不能成立，完全依靠求证。求证要小心，要客观，绝不允许厌烦，更不允许马虎。要从多层次、多角度上来求证，从而考验自己

212

的假设是否正确，或者正确到什么程度，哪一部分正确，哪一部分又不正确。所有这一切都必须实事求是，容不得丝毫私心杂念，一切以证据为准。证据否定掉的，不管当时显得多么神奇，多么动人，都必须毅然毫不吝惜地加以扬弃。部分不正确的，扬弃部分。全部不正确的，扬弃全部。事关学术良心，决不能含糊。可惜到现在还有某一些人，为了维护自己"奇妙"的假设，不惜歪曲证据，剪裁证据。对自己的假设有用的材料，他就用；没有用的、不利的，他就视而不见，或者见而掩盖。这都是"缺德"（史德也）的行为，我期期以为不可。至于剽窃别人的看法或者资料，而不加以说明，那是小偷行为，斯下矣。

总之，我要说，一要求证，二要小心，缺一不可。

我刚才讲的"史德"，是借用章学诚的说法。他把"史德"解释成"心术"。我在这里讲的也与"心术"有关，但与章学诚的"心术"又略有所不同。有点引申的意味。我的中心想法是不要骗自己，不要骗读者。做到这一步，是有德。否则就是缺德。写什么东西，自己首先要相信。自己不相信而写出来要读者相信，不是缺德又是什么呢？自己不懂而写出来要读者懂，不是缺德又是什么呢？我这些话绝非无中生有，无的放矢。我都有事实根据。我以垂暮之年，写了出来，愿与青年学者们共勉之。

现在再谈一谈关于搜集资料的问题。进行科学研究，必须搜集资料，这是不易之理。但是，搜集资料并没有什么一定之规。最常见的办法是使用卡片，把自己认为有用的资料抄在上面，然后分门别类，加以排比。可这也不是唯一的办法。陈寅恪先生把有关资料用眉批的办法，今天写上一点，明天写上一点，积之既久，资料多到能够写成一篇了，就从眉批移到纸上，就是一篇完整的文章。比如，他对《高僧传·鸠摩罗什传》的眉批，竟比原文还要多几倍，是一个典型的例子。我自己既很少写卡片，也从来不用眉批，而是用比较大张的纸，把材料写上。有时候随便看书，忽然发现有用的材料，往往顺手拿一些手边能拿到的东西，比如通知、请柬、信封、小纸片之类，把材料写上，再分类保存。我看到别人也有这个情况，向达先生有时就把材料写在香烟盒上。用比较大张的纸有一个好处，能把有关的材料都写在上面，约略等于陈先生的眉批。卡片面积太小，这样做是办不到的。材料抄好以后，要十分认真细心地加以保存，最好分门别类装入纸夹或纸袋。否则，如果一时粗心大意丢上个把张小纸片，上面记的可能是至关重要的材料，这样会影响你整篇文章的质量，不得不黾勉从事。至于搜集资料要巨细无遗，要有竭泽而渔的精神，这是不言自喻的。但是，要达到百分之百的完整的程度，那也是做不到的。不过我们千万要警惕，不能随便搜集到一点资料，就动手写长篇论文。这样写成的文章，其结论之不可靠是显而易见的。与此有联系的就是要注意文献目录。只要与你要写的文章有关的论文和专著的目录，你必须清楚。否则，人家已经有了结论，而你还在卖劲地论证，必然贻笑方家，不可不慎。

我想顺便谈一谈材料有用无用的问题。严格讲起来，天下没有无用的材料，问题是对谁来说，在什么时候说。就是对同一个人，也有个时机问题。大概我们都有这样的经验：只要你脑海里有某一个问题，一切资料，书本上的、考古发掘的、社会调查的，等等，都能对你有用。搜集这样的资料也并不困难，有时候资料简直是自己跃入你的眼中。反之，如果你脑海里没有这个问题，则所有这样的资料对你都是无用的。但是，一个人脑海里思考什么问题，什么时候思考什么问题，有时候自己也掌握不了。一个人一生中不知要思考多少问题。当你思考甲问题时，乙问题的资料对你没有用。可是说不定什么时候你会思考起乙问题来。你可能回忆起以前看书时曾碰到过这方面的资料，现在再想去查找，可就"云深不知处"了。这样的经验我一生不知碰到多少次了，想别人也必然相同。

那么怎么办呢？最好脑海里思考问题，不要单打一，同时要思考几个，而且要念念不忘，永远不让自己的脑子停摆，永远在思考着什么。这样一来，你搜集面就会大得多，漏网之鱼也就少得多。材料当然也就积累得多，养兵千日，用兵一时；一旦用起来，你就左右逢源了。

最后还要谈一谈时间的利用问题。时间就是生命，这是大家都知道的道理。而且时间是一个常数，对谁都一样，谁每天也不会多出一秒半秒。对我们研究学问的人来说，时间尤其珍贵，更要争分夺秒。但是各人的处境不同，对某一些人来说就有一个怎样利用时间的"边角废料"的问题。这个怪名词是我杜撰出来的。时间摸不着看不见，但确实是一个整体，哪里会有什么"边角废料"呢？这只是一个形象的说法。平常我们做工作，如果一整天没有人和事来干扰，你可以从容濡笔，悠然怡然，再佐以龙井一杯、云烟三支，神情宛如神仙，整个时间都是你的，那就根本不存在什么"边角废料"问题。但是有多少人能有这种神仙福气呢？鲁钝如不佞者几十年来就做不到。新中国成立以来，我搞了不知多少社会活动，参加了不知多少会，每天不知有多少人来找，心烦意乱，啼笑皆非。回想"十年浩劫"期间，我成了"不可接触者"，除了蹲牛棚外，在家里也是门可罗雀。《罗摩衍那》译文八巨册就是那时候的产物。难道为了读书写文章就非变成"不可接触者"或者右派不行吗？浩劫一过，我又是门庭若市，而且参加各种各样的会，终日马不停蹄。我从前读过马雅可夫斯基的《开会迷》和张天翼的《华威先生》，觉得异常可笑，岂意自己现在就成了那一类人物，岂不大可哀哉！但是，人在无可奈何的情况下是能够想出办法来的。现在我既然没有完整的时间，就挖空心思利用时间的"边角废料"。在会前、会后，甚至在会中，构思或动笔写文章。有不少会，讲话空话废话居多，传递的信息量却不大，态度欠端，话风不正，哼哼哈哈，不知所云，又佐之以"这个""那个"，间之以"唵""啊"，白白浪费精力，效果却是很少。在这时候，我往往只用一个耳朵或半个耳朵去听，就能兜住发言的全部信息量，而把剩下的一个耳朵或一个半耳朵全部关闭，把精力集中到脑海里，构思，写文章。当然，在飞机上，火车上，汽车上，甚至自行车上，特别是在步行的时候，我脑海里更是思考不停。这就是我所说的利用时间的"边角废料"。积之既久，

216

养成"恶"习，只要在会场一坐，一闻会味，心花怒放，奇思妙想，联翩飞来；"天才火花"，闪烁不停；此时文思如万斛泉涌，在鼓掌声中，一篇短文即可写成，还耽误不了鼓掌。倘多日不开会，则脑海活动，似将停止，"江郎"仿佛"才尽"。此时我反而期望开会了。这真叫作没有法子。

我在上面拉杂地写了自己七十年的自传。总起来看，没有大激荡，没有大震动，是一个平凡人的平凡的经历。我谈的治学经验，也都属于"勤捉"之类，卑之无甚高论。比较有点价值的也许是那些近乎怪话的意见。古人云："修辞立其诚。"我没有说谎话，只有这一点是可以告慰自己的，也算是对得起别人的。

1988 年 10 月 26 日写完

# 我的老师们

在深切怀念我的两个不在眼前的母亲的同时，在我眼前那一些德国老师们，就越发显得亲切可爱了。

在德国老师中同我关系最密切的当然是我的 Doktor – Vater（博士父亲）瓦尔德施米特教授。我同他初次会面的情景，我在上面已经讲了一点。他给我的第一个印象是，他非常年轻。他的年龄确实不算太大，同我见面时，大概还不到四十岁吧。他穿一身厚厚的西装，面孔是孩子似的面孔。我个人认为，他待人还是彬彬有礼的。德国教授多半都有点教授架子，这是他们的社会地位和经济地位所决定的，是不以人的意志为转移的。后来听说，在我以后的他的学生们都认为他很严厉。据说有一位女士把自己的博士论文递给他，他翻看了一会儿，一下子把论文摔到地下，愤怒地说道："Das ist aber alles Mist！（这全是垃圾，全是胡说八道！）"这位小姐从此耿耿于怀，最终离开了哥廷根。

我跟他学了十年，应该说，他从来没有对我发过脾气。他教学很有耐心，梵文语法抠得很细。不这样是不行的，一个字多一个字母或少一个字母，意义方面往往差别很大。我以后自己教学生，也学他的榜样，死抠语法。他的教学法是典型的德国式的。记得是德国19世纪的伟大东方语言学家埃瓦尔德（Ewald）说过一句话："教语言比如教游泳，把学生带到游泳池旁，把他往水里一推，不是学会游泳，就是淹死，后者的可能是微乎其微的。"瓦尔德施米特采用的就是这种教学法。第一二两堂，念一念字母。从第三堂起，就读练习，语法要自己去钻。我最初非常不习惯，准备一堂课，往往要用一天的时间。但是，一个学期四十多堂课，就读完了德国梵文学家施腾茨勒（Stenzler）的教科书，学习了全部异常复杂的梵文文法，还念了大量的从梵文原典中选出来的练习。这个方法是十分成功的。

瓦尔德施米特教授的家庭，最初应该说是十分美满的。夫妇二人，一个上中学的十几岁的儿子。有一段时间，我帮助他翻译汉文佛典，常常到他家去，同他全家一同吃晚饭，然后工作到深夜。餐桌上没有什么人多讲话，安安静静。有一次他笑着对儿子说道："家里来了一个中国客人，你明天大概要在学校里吹嘘一番吧？"看来他家里的气氛是严肃有余，活泼不足。他夫人也是一个不大爱说话的人。

后来，大战一爆发，他自己被征从军，是一个什么军官。不久，他儿子也应征入伍。过了不太久，从1941年冬天起，东部战线胶着不进，相持不下，但战斗是异常激烈的。他们的儿子在北欧一个国家阵亡了。我现在已经忘记了，夫妇俩听到这个噩耗时反应如何。按理说，一个独生子幼年战死，他们的伤心可以想见。但是瓦尔德施米特教授是一个十分刚强的人，他在我面前从未表现出伤心的样子，他们夫妇也从未同我谈到此事。然而活泼不足的家庭气氛，从此更增添了寂寞冷清的成分，这是完全可以想象的了。

在瓦尔德施米特被征从军后的第一个冬天，他预订的大剧院的冬季演出票，没有退掉。他自己不能观看演出，于是就派我陪伴他夫人观看，每周一次。我吃过晚饭，就去接师母，陪她到剧院。演出有歌剧，有音乐会，有钢琴独奏，有小提琴独奏，等等，演员都是外地或国外来的，都是赫赫有名的人物。剧场里灯火辉煌，灿如白昼；男士们服装笔挺，女士们珠光宝气，一片升平祥和的气象。我不记得在演出时遇到空袭，因此不知道敌机飞临上空时场内的情况。但是散场后一走出大门，外面是完完全全的另一个世界，顶天立地的黑暗，由于灯火管制，不见一缕光线。我要在这任何东西都看不到的黑暗中，送师母摸索着走很长的路到山下她的家中。一个人在深夜回家时，万籁俱寂，走在宁静的长街上，只听到自己脚步的声音，跫然而喜。但此时正是乡愁最浓时。

我想到的第二位老师是西克（Sieg）教授。

他的家世，我并不清楚。到他家里，只见到老伴一人，是一个又瘦又小的慈祥的老人。子女或什么亲眷，从来没有见过。

留德十年

季羡林

季羡林先生题写的"留德十年"

看来是一个非常孤寂清冷的家庭，尽管老夫妇情好极笃，相依为命。我见到他时，他已经早越过了古稀之年。他是我平生所遇到的中外各国的老师中对我最爱护、感情最深、期望最大的老师。一直到今天，只要一想到他，我的心立即剧烈地跳动，老泪立刻就流满全脸。他对我传授知识的情况，上面已经讲了一点，下面还要讲到。在这里我只讲我们师徒二人相互间感情深厚的一些情况。为了存真起见，我仍然把我当时的一些日记，一字不改地抄在下面：

1940 年 10 月 13 日

昨天买了一张 Prof. Sieg 的相片，放在桌子上，对着自己。这位老先生我真不知道应该怎样感激他。他简直有父亲或者祖父一般的慈祥。我一看到他的相片，心里就生出无穷的勇气，觉得自己对梵文应该拼命研究下去，不然简直对不住他。

1941 年 2 月 1 日

5 点半出来，到 Prof. Sieg 家里去。他要替我交涉增薪，院长已答应。这真是意外的事。我真不知道应该怎样感谢这位老人家，他对我好得真是无微不至，我永远不会忘记！

原来他发现我生活太清苦，亲自找文学院长，要求增加我的薪水。其实我的薪水是足够用的，只因我枵腹买书，所以就显得清苦了。

1941年，我一度想设法离开德国回国。我在10月29日的日记里写道：

> 11点半，Prof. Sieg去上课。下了课后，我同他谈到我要离开德国，他立刻兴奋起来，脸也红了，说话也有点震颤了。他说，他预备将来替我找一个固定的位置，好让我继续在德国住下去，万没想到我居然想走。他劝我无论如何不要走，他要替我设法同Rektor（大学校长）说，让我得到津贴，好出去休养一下。他简直要流泪的样子。我本来心里还有点迟疑，现在又动摇起来了。一离开德国，谁知道哪一年再能回来，能不能回来？这位像自己父亲一般替自己操心的老人十九是不能再见了。我本来容易动感情。现在更制不住自己，很想哭上一场。

像这样的情况，日记里还有一些，我不再抄录了。仅仅这三则，我觉得，已经完全能显示出我们之间的关系了。还有一些情况，我在下面谈吐火罗文的学习时再谈，这里暂且打住。

我想到的第三位老师是斯拉夫语言学教授布劳恩（Braun）。他父亲生前在莱比锡大学担任斯拉夫语言学教授，他可以说是家学渊源，能流利地说许多斯拉夫语。我见他时，他年纪还轻，还不是讲座教授。由于年龄关系，他也被征从军。但根本没有上过前线，只是担任翻译，是最高级的翻译。苏联一些高级将领被德军俘虏，希特勒等法西斯头子要亲自审讯，想从中挖取超级秘密。担任翻译的就是布劳恩教授，其任务之重要可想而知。他每逢休假回家的时候，总高兴同我闲聊他当翻译时的一些花絮，很多是德军和苏军内部最高领导层的真实情况。他几次对我说，苏军的大炮特别厉害，德国难望其项背。这是德国方面从来没有透露过的极端机密，给我留下了深刻的印象。

他的家庭十分和美。他有一位年轻的夫人，两个男孩子，大的叫安德烈亚斯，约有五六岁，小的叫斯蒂芬，只有二三岁。斯蒂芬对我特别友好，我一到他家，他就从远处飞跑过来，扑到我的怀里。他母亲教导我说："此时你应该抱住孩子，身体转上两三圈，小孩子最喜欢这玩意儿！"教授夫人很和气，好像有点愣头愣脑，说话直爽，但有时候没有谱儿。

布劳恩教授的家离我住的地方很近，走两三分钟就能走到。因此，我常到他家里去玩。他有一幅中国古代的刺绣，上面绣着五个大字：时有溪山兴。他要我翻译出来。从此他对汉文产生了兴趣，自己买了一本汉德字典，念唐诗。他把每一个字都查出来，居然也能讲出一些意思。我给他改正，并讲一些语法常识。对汉语的语法结构，他觉得既极怪而又极有理，同他所熟悉的印欧语系语言迥乎不同。他认为，汉语没有形态变化，也可能是优点，它能给读者以极大的联想自由，不像印欧语言那样被形态变化死死地捆住。

他是一个多才多艺的人，擅长油画。有一天，他忽然建议要给我画像。我自然应允了，于是有比较长的一段时间，我天天到他家里去，端端正正地坐在那里，当模特儿。画完了以后，他问我的意见。我对画不是内行，但是觉得画得很像我，因此就很满意了。在科学研究方面，他也表现了他的才艺。他的文章和专著都不算太多，他也不搞德国学派的拿手好戏：语言考据之学。用中国的术语来说，他擅长义理。他有一本讲19世纪沙俄文学的书，就是专从义理方面着眼，把列夫·托尔斯泰和陀思妥耶夫斯基列为两座高峰，而展开论述，极有独特的见解，思想深刻，观察细致，是一部不可多得的著作。可惜似乎没有引起多少注意。我都觉得有寂寞冷落之感。

总之，布劳恩教授在哥廷根大学是颇为不得志的。正教授没有份儿，哥廷根科学院院士更不沾边儿。有一度，他告诉我，斯特拉斯堡大学有一个正教授缺了人，他想去，而且把我也带了去。后来不知为什么，没有实现。一直到四十多年以后我重新访问联邦德国时，我去看他，他才告诉我，他在哥廷根大学终于得到了一个正教授的讲座，他认为可以满意了。然而他已经老了，无复年轻时的潇洒英俊。我一进门他第一句话说是："你晚来了一点，她已经在月前去世了！"我知道他指的是谁，我感到非常悲痛。安德烈亚斯和斯蒂芬都长大了，不在身边。老人看来也是冷清寂寞的。在西方社会中，失掉了实用价值的老人，大多如此。我欲无言了。去年听德国来人说，他已经去世。我谨以馨香一瓣，祝愿他永远安息！

我想到的第四位德国老师是冯·格林博士（Dr. von Crimm）。据说他是来自俄国的德国人，俄文等于是他的母语。在大学里，他是俄文讲师。大概是因为他从来没有发表过什么学术论文，所以连副教授的头衔都没有。在德国，不管你外语多么到家，只要没有学术著作，就不能成为教授。工龄长了，工资可能很高，名位却不能改变。这一点同中国是很不一样的。中国教授贬值，教授膨胀，由来久矣。这也算是中国的"特色"吧。反正冯·格林始终只是讲师。他教我俄文时已经白发苍苍，心里总好像是有一肚子气，终日郁郁寡欢。他只有一个老伴，他们就住在高斯—韦伯楼的三楼上。屋子极为简陋。老太太好像终年有病，不大下楼，但心眼极好，听说我患了神经衰弱症，夜里盗汗，特意送给我一个鸡蛋，补养身体。要知道，当时一个鸡蛋抵得上一个元宝，在饿急了的时候，鸡蛋能吃，而元宝则不能。这一番情意，我异常感激。冯·格林博士还亲自找到大学医院的内科主任沃尔夫（Wolf）教授，请他给我检查。我到了医院，沃尔夫教授仔仔细细地检查过以后，告诉我，这只是神经衰弱，与肺病毫不相干。这一下子排除了我的一块心病，如获重生。这更增加了我对这两位孤苦伶仃的老人的感激。离开德国以后，没有能再见到他们，想他们早已离开人世了，却永远活在我的心中。

我回想起来的老师当然不限于以上四位，比如阿拉伯文教授冯·素顿（Von Soden），英文教授勒德（Roeder）和怀尔德（Wilde），哲学教授海泽（Heyse），艺术史教授菲茨图姆（Vitzhum）

侯爵，德文教授麦伊（May），伊朗语教授欣茨（Hinz）等，我都听过课或有过来往，他们待我亲切和蔼，我都永远不会忘记。我在这里就不一一叙述了。

1988 年

# 西谛先生

西谛先生不幸逝世，到现在已经有二十多年了。听到飞机失事的消息时，我正在莫斯科。我仿佛当头挨了一棒，惊愕得说不出话来。我是震惊多于哀悼，惋惜胜过忆念，而且还有点儿惴惴不安。当我登上飞机回国时，同一架飞机中就放着西谛先生等六人的骨灰盒。我百感交集。当时我的心情之错综复杂可想而知。从那以后，在这样漫长的时间内，我不时想到西谛先生。每一想到，都不禁悲从中来。到了今天，震惊、惋惜之情已逝，而哀悼之意弥增。这哀悼，像烈酒，像火焰，燃烧着我的灵魂。

倘若论资排辈的话，西谛先生是我的老师。30 年代初期，我在清华大学读西洋文学系。但是从小学起，我对中国文学就有浓厚的兴趣。西谛先生是燕京大学中国文学系的教授，在清华兼课。我曾旁听过他的课。在课堂上，西谛先生是一个渊博的学者，掌握大量的资料，讲起课来，口若悬河泄水，滔滔不绝。他那透过高度的近视眼镜从讲台上向下看挤满了教室的学生的神态，至今仍宛然如在目前。

当时的教授一般都有一点儿所谓"教授架子"。在中国话里，"架子"这个词儿同"面子"一样，是难以捉摸、难以形容描绘的，好像非常虚无缥缈，但它又确实存在。有极少数教授自命清高，但精神和物质待遇却非常优厚。在他们心里，在别人眼中，他们好像是高人一等，不食人间烟火，而实则饱餍粱肉，进可以攻，退可以守，其中有人确实也是官运亨通，青云直上，成了令人羡慕的对象。存在决定意识，因此就产生了架子。

这些教授的对立面就是我们学生。我们的经济情况有好有坏，但是不富裕的占大多数，然而也不至于挨饿。我当时就是这样一个学生。处境相同，容易引起类似同病相怜的感情；爱好相同，又容易同声相求。因此，我就有了几个都是爱好文学的伙伴，经常在一起，其中有吴组缃、林庚、李长之等。虽然我们所在的系不同，但却常常会面，有时在工字厅大厅中，有时在大礼堂里，有时又在荷花池旁"水木清华"的匾下。我们当时差不多都才二十岁左右，阅世未深，尚无世故，正是天不怕、地不怕的时候。我们经常高谈阔论，臧否天下人物，特别是古今文学家，直抒胸臆，全无顾忌。幼稚恐怕是难免的，但是没有一点儿框框，却也有可爱之处。我们好像是《世说新语》中的人物，任性纵情，毫不矫饰。我们谈论《红楼梦》，我们谈论《水浒传》，我们谈论《儒林外史》，每个人都努力发一些怪论，

"语不惊人死不休"。记得茅盾的《子夜》出版时，我们间曾掀起一场颇为热烈的大辩论，我们辩论的声音在工字厅大厅中回荡。但事过之后，谁也不再介意。我们有时候也把自己写的东西，什么诗歌之类，拿给大家看，而且自己夸耀哪句是神来之笔，一点儿也不脸红。现在想来，好像是别人干的事，然而确实是自己干的事，这样的率真只在那时候能有，以后只能追忆珍惜了。

在当时的社会上，封建思想弥漫，论资排辈好像是天经地义。一个青年要想出头，那是非常困难的。如果没有奥援，不走门子，除了极个别的奇才异能之士外，谁也别想往上爬。那些少数出身于名门贵阀的子弟，他们丝毫也不担心，毕业后爷老子有的是钱，可以送他们出洋镀金，回国后优缺美差在等待着他们。而绝大多数的青年经常为所谓"饭碗问题"担忧，我们也曾为"毕业即失业"这一句话吓得发抖。我们的一线希望就寄托在教授身上。在我们眼中，教授简直如神仙中人，高不可攀。教授们自然也是感觉到这一点的，他们之所以有架子，同这种情况是分不开的。我们对这种架子已经习以为常，不以为怪了。

我就是在这样的气氛中认识西谛先生的。

最初我当然对他并不完全了解。但是同他一接触，我就感到他同别的教授不同，简直不像是一个教授。在他身上，看不到半点儿教授架子；他也没有一点儿论资排辈的恶习。他自己好像并不觉得比我们长一辈，他完全是以平等的态度对待我们。他有时就像一个大孩子，不失其赤子之心。他说话非常坦率，有什么想法就说了出来，既不装腔作势，也不以势吓人。他从来不想教训人，任何时候都是亲切和蔼的。当时流行在社会上的那种帮派习气，在他身上也找不到。只要他认为有一技之长的，不管是老年、中年还是青年，他都一视同仁。因此，我们在背后就常常说他是一个宋江式的人物。他当时正同巴金、靳以主编一个大型的文学刊物《文学季刊》，按照惯例是要找些名人来当主编或编委的，这样可以给刊物镀上一层金，增加号召力量。他确实也找了一些名人，但是像我们这样一些无名又年轻之辈，他也决不嫌弃。我们当中有的人当上了主编，有的人当上特别撰稿人。自己的名字都煌煌然印在杂志的封面上，我们难免有些沾沾自喜。西谛先生对青年人的爱护，除了鲁迅先生外，恐怕并世无二。说老实话，我们有时候简直感到难以理解，有点儿受宠若惊了。

在这样的情况下，我们既景仰他学问之渊博，又热爱他为人之亲切平易，于是就很愿意同他接触。只要有机会，我们总去旁听他的课。有时也到他家去拜访他。记得在一个秋天的夜晚，我们几个人步行，从清华园走到燕园。他的家好像就在今天北大东门里面大烟筒下面。现在时过境迁，房子已经拆掉，沧海桑田，面目全非了。但是在当时给我的印象却是异常美好、至今难忘的。房子是旧式平房，外面有走廊，屋子里有地板，我的印象是非常高级的住宅。屋子里排满了书架，都是珍贵的红木做成的，整整齐齐地摆着珍贵的古代典籍，都是人间瑰宝，其中明清小说、戏剧的收藏更在全国首屈一指。屋子的气氛是优雅典丽的，书香飘拂在画栋雕梁之间。我们都狠狠地羡慕了一番。

总之，我们对西谛先生是尊敬的，是喜爱的。我们在背后常常谈到他，特别是他那些同别人不同的地方，我们更是津津乐道。背后议论人当然并不能算是美德，但是我们一点儿恶意都没有，只是觉得好玩而已。比如他的工作方式，我们当时就觉得非常奇怪。他兼职很多，常常奔走于城内城外。当时交通还不像现在这样方便。清华、燕京，宛如一个村镇，进城要长途跋涉。校车是有的，但非常少，有时候要骑驴，有时候坐人力车。西谛先生挟着一个大皮包，总是装满了稿子，鼓鼓囊囊的。他戴着深度的眼镜，跨着大步，风尘仆仆，来往于清华、燕京和北京城之间。我们在背后说笑话，说郑先生走路就像一只大骆驼。可是他一坐上校车，就打开大皮包拿出稿子，写起文章来。

据说他买书的方式也很特别。他爱书如命，认识许多书贾，一向不同书贾讲价钱，只要有好书，他就留下，手边也不一定就有钱偿付书价，他留下以后，什么时候有了钱就还账，没有钱就用别的书来对换。他自己也印了一些珍贵的古籍，比如《插图本中国文学史》《玄览堂丛书》之类。他有时候也用这些书去还书债。书贾愿意拿什么书，就拿什么书。他什么东西都喜欢大、喜欢多，出书也有独特的气派，与众不同。所有这一切我们也都觉得很好玩，很可爱。这更增加我们对他的敬爱。在我们眼中，西谛先生简直像长江大河，汪洋浩瀚；像泰山华岳，庄严敦厚。当时的某一些名人同他一比，简直如小水洼、小土丘一般，有点儿微不足道了。

但是时间只是不停地逝去，转瞬过了四年，大学要毕业了。

清华大学毕业以后，我回到故乡去，教了一年高中。我学的是西洋文学，教的却是国文，用现在的话说，就是"不结合业务"，因此心情并不很愉快。在这期间，我还同西谛先生通过信。他当时在上海，主编《文学》。我寄过一篇散文给他，他立即刊登了。他还写信给我，说他编了一个什么丛书，要给我出一本散文集。我没有去稿，所以也没有出成。过了一年，我得到一份奖学金，到很远的一个国家里去住了十年。从全世界范围来看，这正是一个天翻地覆的时代。在国内，有外敌入侵，大半个祖国变了颜色；在国外，正在进行着第二次世界大战。我在国外，挨饿先不必说，光是每天躲警报，就真够呛。杜甫的诗"烽火连三月，家书抵万金"，我的处境是"烽火连十年，家书无从得"，同西谛先生当然失去了联系。

一直到了1946年的夏天，我才从国外回到上海。去国十年，漂洋万里，到了那繁华的上海，连个落脚的地方都没有。我曾在克家的榻榻米上睡过许多夜。这时候，西谛先生也正在上海。我同克家和辛笛去看过他几次，他还曾请我们吃过饭。他的老母亲亲自下厨房做福建菜，我们都非常感动，至今难以忘怀。当时上海反动势力极为猖獗。郑先生是他们的对立面。他主编一个争取民主的刊物，推动民主运动，反动派把他也看作眼中钉，据说是列入了黑名单。有一次，我同他谈到这个问题。完全出乎我的意料，他的面孔一下子红了起来，怒气冲冲，声震屋瓦，流露出极大的义愤与轻蔑。几十年来他给我的印象是和蔼可亲，平易近人，光风霁月，菩萨慈眉；我万万没有想到，他还有另一面：疾恶如仇，横眉冷对，疾风迅雷，金刚怒目。原来我只是认识了西谛先生的一面，对另一面我连想都没有想过。现在总算比较完整地认识西谛先生了。

有一件事情，我还要在这里提一下。我在上海时曾告诉郑先生，我已应北京大学之聘，担任梵文讲座。他听了以后，喜形于色，他认为，在北京大学教梵文简直是理想的职业。他对梵文文学的重视和喜爱溢于言表。1948 年，他在他主编的《文艺复兴·中国文学专号》的《题词》中写道："关于梵文学和中国文学的血脉相通之处，新近的研究呈现了空前的辉煌。北京大学成立了东方语文学系，季羡林先生和金克木先生几位都是对梵文学有深刻研究的。……在这个'专号'里，我们邀约了王重民先生、季羡林先生、万斯年先生、戈宝权先生和其他几位先生们写这个'专题'。我们相信，这个工作一定会给国内许多的做研究工作者们以相当的感奋的。"西谛先生对后学的鼓励之情洋溢于字里行间。

解放后不久，西谛先生就从上海绕道香港到了北京。我们都熬过了寒冬，迎来了春天，又在这文化古都见了面，分外高兴。又过了不久，他同我都参加了新中国开国后派出去的第一个大型文化代表团，到印度和缅甸去访问。在国内筹备工作进行了半年多，在国外和旅途中又用了四五个月。我认识西谛先生已经几十年了，这一次是我们相聚最长的一次，我认识他也更清楚了，他那些优点也表露得更明显了。我更觉得他像一个不失其赤子之心的大孩子，胸怀坦荡，耿直率真。他喜欢同人辩论，有时也说一些歪理。但他自己却一本正经，他同别人抬杠而不知是抬杠。我们都开玩笑说，就抬杠而言，他已达到出神入化的境界，应该选他为"抬杠协会主席"，简称之为"杠协主席"。出国前在检查身体的时候，他糖尿病已达到相当严重的程度，有几个"+"号。别人替他担忧，他自己却丝毫不放在心上，喝酒吃点心如故。他那豁达大度的性格，在这里也表现得非常鲜明。

回国以后，我经常有机会同他接触。他担负的行政职务更重了。有一段时间，他在北海团城里办公，我有时候去看他，那参天的白皮松给我留下了难忘的印象。这时候他对书的爱好似乎一点儿也没有减少。有一次他让我到他家去吃饭。他像从前一样，满屋堆满了书，大都是些珍本的小说、戏剧、明清木刻，满床盈案，累架充栋。一谈到这些书，他自然就眉飞色舞。我心里暗暗地感到庆幸和安慰，我暗暗地希望西谛先生能够这样活下去，多活上许多年，多给人民做一些好事情……

但是正当他充满了青春活力，意气风发，大踏步走上前去的时候，好像一声晴天霹雳，西谛先生不幸过早地离开我们了。他逝世时的情况是什么样子，谁也说不清楚。我时常自己描绘，让幻想驰骋。我知道，这样幻想是毫无意义的，但是自己无论如何也排除不掉。过了几年就爆发了"文化大革命"。我同许多人一样被卷了进去。在以后的将近十年中，我是如临深渊，如履薄冰，天天在战战兢兢地过日子，想到西谛先生的时候不多。间或想到他，心里也充满了矛盾：一方面希望他能活下来，另一方面又庆幸他没有活下来，否则他一定也会同我一样戴上种种的帽子，说不定会关进牛棚。他不幸早逝，反而成了塞翁失马了。

现在，恶贯满盈的"四人帮"终于被打倒了。普天同庆，朗日重辉。但是痛定思痛，我想到西谛先生的次数反而多了起来。将近五十年前的许多回忆，清晰的、模糊的、整齐的、零乱的，一齐涌入我的脑中。西谛先生的一举一动，一颦一笑，时时奔来眼底。我越是觉得前途光明灿烂，就越希望西谛先生能够活下来。像他那样的人，我们是多么需要啊。他一生为了保存祖国的文化，付出了多么巨大的劳动！如果他还能活到现在，那该有多好！然而已经发生的事情是永远无法挽回的。"念天地之悠悠"，我有时甚至感到有点凄凉了。这同我当前的环境和心情显然是有矛盾的，但我无论如何也抑制不住自己。我常常不由自主地低吟起江文通的名句来：

春草暮兮秋风惊，秋风罢兮春草生；

绮罗毕兮池馆尽，琴瑟灭兮丘垄平。

自古皆有死，莫不饮恨而吞声。

呜呼！生死事大，古今同感。西谛先生只能活在我们回忆中了。

1980 年 1 月 8 日初稿

1981 年 2 月 2 日修改

# 他实现了生命的价值

## ——悼念朱光潜先生

听到孟实先生逝世的消息，我的心情立刻沉重起来。这消息对我并不突然，因为他毕竟是快九十岁的人了，而且近几年来，身体一直不好。但是，如果他能再活上若干年，对我国的学术界，对我自己，不是更有好处吗？

现在，在北京大学内外，还颇有一些老先生可以算作我的师辈。因为，我当学生的时候，他们已经是教授了。但是，我真正听过课的老师，却只剩下孟实先生一人。按旧日的习惯，我应该称他为业师。在今天的新社会中，师生关系内容和意义都有了一些改变。但是，尊师重道仍然是我们要大力提倡的。我对于我这一位业师，一向怀有深深的敬意。而今而后，这敬意的接受者就少掉重要的一个了。

五十多年前，我在清华大学西洋文学系念书。我那时是二十岁上下。孟实先生是北京大学的教授，在清华大学兼课，年龄大概三十四五岁吧。他只教一门文艺心理学，实际上就是美学。这是一门选修课。我选了这一门课，认真地听了一年。当时我就感觉到，这一门课非同凡响，是我最满意的一门课，比那些英、美、法、德等国来的外籍教授所开的课好到不能比的程度。朱先生不是那种口若悬河的人，他的口才并不好，讲一口带安徽味的蓝青官话，听起来并不"美"。看来他不是一个演说家，讲课从来不看学生，两只眼向上翻，看的好像是天花板上或者窗户上的某一块地方。然而却没有废话，每一句话都清清楚楚。他介绍西方各国流行的文艺理论，有时候举一些中国旧诗词作例子，并不牵强附会，我们一听就懂。对那些古里古怪的理论，他确实能讲出一个道理来，我听起来津津有味。我觉得，他是一个有学问的人，一个在学术上诚实的人，他不哗众取宠，他不用连自己都不懂的"洋玩意儿"去欺骗、吓唬年轻的中国学生。因此，在开课以后不久，我就爱上了这一门课，每周盼望上课，成为我的乐趣了。

孟实先生在课堂上介绍了许多欧洲心理学家和文艺理论家的新理论，比如李普斯的感情移入说，还有什么人的距离说等等。他们从心理学方面，甚至从生理学方面来解释关于美的问题。其中有不少理论我觉得是有道理的，一直到今天我仍然记忆不忘。要说里面没有唯心主义成分，那是不能想象的。但是资产阶级的科学家，只要是一个有良心、不存心骗人的人，他总是会在不同程度上正视客观实际的，他的学说总会有合理成分的。我们倒洗澡水不应该连婴儿一起倒掉。达尔文和爱因斯坦难道不是资产阶级的科学家吗？但是，你能说，他们的学说完全不正确吗？我们过去有一些人习惯于用贴标签的办法来处理学术问题，把极其复杂的学术问题过分地简单化了。这不利于学术的发展。这种倾向到了"十年浩劫"期间，在"四人帮"的煽动下，达到了骇人听闻的荒谬的程度。"四人帮"竟号召对相对论一窍不通的人来批判爱因斯坦，成为千古笑谈。孟实先生完全不属于这一类人。他老老实实，本本分分，自己认识到什么程度，就讲到什么程度，一步一个脚印，无形中影响了学生。

离开清华以后，我出国一住就是十年。在这期间，国内正在奋起抗日，国际上则是第二次世界大战。"烽火连八年，家书抵亿金"。在一段相当长的时间内，我完全同祖国隔离，什么情况也不知道。1946 年回国，立即来北大工作。那时孟实先生也转来北大。他正编一个杂志，邀我写文章。我写了一篇介绍《五卷书》的文章，发表在那个杂志上。他住的地方离我的住处不远。他的办公室（他当时是西方语言文学系主任，我是东方语言文学系主任）和我的办公室相隔也不远。但是我无论如何也回忆不起来，我曾拜访过他。说起来似乎是件怪事，然而却是事实。现在恐怕有很多人认为我是什么"社会活动家"。其实我的性格毋宁说是属于孤僻一类，最怕见人。我的老师和老同学很多，我几乎是谁都不拜访。天性如此，无可奈何，而今就是想去拜访孟实先生，也完全不可能了。

我因为没有在重庆或者昆明待过，对于抗战时期那里的情况完全不了解。对于朱先生当时的情况也完全不清楚。到了北平以后，听了三言两语，我有时候也同几个清华的老同学窃窃私议过。到了1949年北平解放前夕，按朱先生的地位，他完全有资格乘南京派来的专机离开中国大陆的。然而他没有这样做，他毅然留了下来，等待北平的解放。其中过程细节，我完全不清楚。然而这件事却给我留下了深刻的印象：朱先生毕竟是经受住了考验，选择了一条唯一正确的道路。

我常常想，在解放前，中国的知识分子大概分为三类：先知先觉的、后知后觉的、不知不觉的。第一类是少数，第三类也是少数。孟实先生（还有我自己），在政治上不是先知先觉；但又绝非不知不觉。爱国无分少长，革命难免先后，这恐怕是一条规律。孟实先生同一大批旧社会过来的知识分子一样，经过了几十年的观察与考验、前进与停滞，既走过阳关大道，也走过独木小桥，最终还是认识了真理，认为共产党指出的道路是唯一正确的，因而坚定不移地在这一条路上走下去。孟实先生有一些情况我原来并不清楚。只是到了前几年，我读到他在抗战期间从重庆给周扬同志写的一封信，我才知道，他对国民党并不满意，他也向往延安。我心中暗自谴责：我没有能全面了解孟实先生。总之，我认为，孟实先生一生是大节不亏的，他走的道路是一切正直的中国知识分子都应该走的道路。

这一条道路当然也绝不会是平坦的。三十多年来，风风雨雨，几乎所有的老知识分子都在风雨中经受磨炼。最突出的例子当然是"十年浩劫"。孟实先生被关进了牛棚。我是自己"跳"出来的，一跳也就跳进了牛棚。想不到几十年前的师生现在成了"同棚"。牛棚生活不是三言两语所能说清的。在这里暂且不谈。孟实先生在棚里的一件小事，我却始终忘记不了。他锻炼身体有一套方术，大概是东西均备，佛道沟通。在那种阴森森的生活环境中，他居然还在锻炼身体，我实在非常吃惊，而且替他捏一把汗。晚上睡下以后，我发现他在被窝里胡折腾，不知道搞一些什么名堂。早晨他还偷跑到一个角落里去打太极拳一类的东西。有一次被"监改人员"发现了，大大地挨了一通批。在这些"大老爷"眼中，我们锻炼身体是罪大恶极的。这是一件微不足道的小事，然而它的意义却不小。从中可以看出，孟实先生对自己的前途没有绝望，对我们的事业也没有绝望，他执着于生命，坚决要活下去。否则的话，他尽可以像一些别的难兄难弟一样，破罐子破摔算了。说老实话，我在当时的态度实在比不上他。这一件事，我从来没有同他谈起过，只是暗暗地记在心中。

"四人帮"垮台以后，天日重明，孟实先生以古稀之年，重又精神抖擞，从事科研、教学和社会活动。他的生活异常地有规律。每天早晨，人们总会看到一个瘦小的老头在大图书馆前漫步。在工作方面，他抓得非常紧，他确实达到了壮心不已的程度。他译完了黑格尔的美学，又翻译维柯的著作。这些著作内容深奥，号称难治，能承担这种翻译工作的，并世没有第二人。孟实先生以他渊博的学识和湛深的外语水平，兢兢业业，勤勤恳恳，争分夺秒，锲而不舍，"焚膏油以继晷，恒兀兀以穷年"，终于完成了这项艰巨的工作，给我们留下了宝贵的财富，得到了学术界普遍的赞扬。

孟实先生学风谨严，一丝不苟，谦虚礼让，不耻下问。他曾多次问到我关于古代印度宗教的问题。他对中外文学都有精湛的研究，这是学术界公认的。他的文笔又流利畅达，这也是学者中间少有的。思想改造运动时，有人告诉我说是喜欢读朱先生写的自我批评的文章。我当时觉得非常可笑：这是什么时候呀，你居然还有闲情逸致来欣赏文章！然而这却是事实，可见朱先生文章感人之深。他研究中外文艺理论，态度同样严肃认真。他翻译外国名著，也是句斟字酌，不轻易下笔。严复说："一名之立，旬月踟蹰。"我在朱先生身上也发现了这种认真负责的态度。解放后，他努力学习辩证唯物主义和历史唯物主义，并以此指导自己的研究工作，给我们树立了榜样。

　　现在，孟实先生离开了我们。他一生执着追求，没有偷懒。将近九十年的漫长的道路，走过来并不容易。峰回路转，柳暗花明，他都碰到过。顺利与挫折，他都经受过。但是，他在千辛万苦之后，毕竟找到了真理，热爱祖国，热爱社会主义，找到了一个中国知识分子的最好的归宿。现在人们常谈生命的价值，我认为，孟实先生是实现了生命的价值的。

　　听到孟实先生逝世的消息时，我并没有流泪，但是在写这篇短文时，却几次泪如泉涌。生生死死，自然规律，任何人也改变不了。古人说："大块劳我以生，息我以死。"孟实先生，安息吧！你的形象将永远留在你这一个年迈而不龙钟的学生的心中。

1986年3月

# 悼念曹老

几个月以前，北京大学召开了庆祝曹老（靖华）九十华诞座谈会。我参加了，发了言，我说，曹老的道德文章，可以为人师表。《关东文学》编辑部的同志要我写一篇祝贺文章，我答应了，立即动笔。但是，只写了一半，便有西安、香港之行，没有来得及写完。回京以后，听到曹老病情转恶。但我立刻又有北戴河之行，没能到医院去看望他。不意他竟尔仙逝。老辈学人中又弱一个，给我连年来对师友的悼念又增添一份沉重的力量，让我把祝贺文章腰斩，来写悼念文字，不禁悲从中来了。

记得在大约四年以前，我还在学校工作，曹老的家属从医院打电话给学校领导，说曹老病危，让学校派人去见"最后一面"。我奉派前往，看到他的病并不"危"，谈笑风生。我当时心情十分矛盾，我把眼泪硬压在内心里，陪他谈笑。他不久就出了院，而且还参加了一个在京西宾馆召开的会。我们见面，彼此兴奋。我一想到"最后一面"，心里就觉得非常有趣。他则怡然坦然，坐在台阶上，同我谈话。以后，听说他又进了医院，出出进进，记不清有多少次了。时光流逝，一晃就是几年，他终于度过了自己的九十周岁诞辰。我原以为他还能奇迹般地出出进进几次，而终无危险，向着百岁迈进，可他终于一病不起了。

同很多人一样，我认识曹老有一个曲折的过程。我是先读他的书，然后闻知他的英勇事迹，最后才见面认识。我在大学读书期间，曾读过曹老的一些翻译作品。1946年夏天，我在离开祖国十一年之后，终于经历了千辛万苦，回到了祖国的怀抱里。我当时心情十分矛盾，一个年轻的游子又回到母亲跟前，心里感到特别温暖。但是在所谓胜利之后，国民党的"劫收"大员，像一群蝗虫，无法无天，乱抢乱夺。我又不禁忧从中来。我在上海停留期间，夜里睡在克家的榻榻米上，觉得其乐无穷。有一天，忽然听到传闻，国民党警察在南京下关车站蛮横地毒打了进京请愿的进步人士，其中就有曹老。从此曹靖华（我记得当时是曹联亚）这个名字就深深地印在我的记忆中。

一直到解放以后，我才在北京大学见到曹老。他在俄语系工作，我在东语系。由于行当不同，接触并不多。但是，他留给我的印象是非常好的。他长我十四岁，论资排辈，他应该算是我的老师。他为人淳朴无华，待人接物诚挚有加、彬彬有礼，给人以忠厚长者的印象。他不愧是中国旧文化精华的一个代表人物，同他交往，使人如坐春风化雨中。

但是，这只是他性格的一个方面。在另一方面，他却如金刚怒目，对待反动派决不妥协。他通过翻译苏联的革命文学，哺育了一代代的革命新人。他的功绩将永远为中国人民所记忆。而他自己也以身作则。早年他冒风险同鲁迅先生交往，支持人民的正义斗争，坚贞不屈，数十年如一日，终于经历了严霜烈日，走过了不知多少独木小桥，迎来了次第春风。他真正做到了"横眉冷对千夫指，俯首甘为孺子牛"。

在以后长达几十年的交往中，我对他的敬意与日俱增。有很长的一段时间，他是《世界文学》的主编，我是编委之一。每隔几个月，总要召开一次编委会，大家放言高论，其乐融融。解放以后，我参加的会议真可谓多矣。我绝不是一个"开会迷"，有一些会让我苦不堪言。但是，对《世界文学》的会，我却真有一点"迷"了。同老友见面，同曹老见面，成为我的一大乐事。

我曾在悼念朱光潜先生的文章中提到，我最不喜欢拜访人。即使是我最尊敬的老师和老友，我也难得一访。我自己知道，这是一种怪癖，想改之者久矣。但是山难移，性难改，至今没有什么改进。对待曹老，我也是如此。尽管我对他有深厚的敬意和感情，但是曹老的家我却一次也没有去过。平常在校园中见了面，总要问寒问暖，说上一阵子话，看来彼此都兴奋而又欣慰。在外面开会时碰到，更要促膝长谈。我往往暗自庆幸：北大是一个出百岁老人的地方。我们的老校长马寅初先生，活到一百多岁。我的美国老师温德教授也庆祝过自己的一百周岁。曹老为什么不能活到一百岁呢？

然而曹老毕竟没有活到一百岁。这对中国文学艺术界来说是一大损失，对他的学生和朋友来说是一件无法弥补的憾事。有生必有死，这是自然规律，我辈凡人谁也无法抗御。我们只能用这个来安慰自己。同时，我又想到，年过九十，也算是寿登耄耋，在世界上，自古以来，就是十分罕见的。曹老可以安息了。

北大以老教授多闻名全国。我自己虽然久已年逾古稀，但是抬眼向前看，比我年纪大的还有一大排，我只能算是小弟弟，不敢言老，心中更无老意，常常感到，在燕园中，自己是幸福的人。然而近二三年以来，老成颇多凋谢，蓦抬头：我眼前的队伍逐渐缩短了，宛如深秋古木，在不知不觉中，叶片一片片地飘然落下。我虽然自谓能用唯物的态度对待生死问题，然而内心深处也难免引起一阵阵的颤抖了。

嗟乎，死者已矣。我们生者的责任更大起来了。我感到自己肩头沉重了起来。

1987 年 9 月 13 日

# 我记忆中的老舍先生

　　老舍先生含冤逝世已经二十多年了。在这一段相当长的时间内，我经常想到他，想到的次数远远超过我认识他以后直至他逝世的三十多年。每次想到他，我都悲从中来。我悲的是中国失去一个热爱祖国、热爱人民的正直的大作家，我自己失去一位从年龄上来看算是师辈的和蔼可亲的老友。目前，我自己已经到了晚年，我的内心再也承受不住这一份悲痛，我也不愿意把它带着离开人间。我知道，原始人是颇为相信文字的神秘力量的，我从来没有这样相信过。但是，我现在宁愿做一个原始人，把我的悲痛和怀念转变成文字，也许这悲痛就能突然消逝掉，还我心灵的宁静，岂不是天大的好事吗？

　　我从高中时代起，就读老舍先生的著作，什么《老张的哲学》《赵子曰》《二马》，我都读过。到了大学以后，以及离开大学以后，只要他有新作出版，我一定先睹为快，什么《离婚》《骆驼祥子》等，我都认真读过。最初，由于水平的限制，他的著作我不敢说全都理解。可是我总觉得，他同别的作家不一样。他的语言生动幽默，是地道的北京话，间或也夹上一点山东俗语。他没有许多作家那种忸怩作态让人读了感到浑身难受的非常别扭的文体，一种新鲜活泼的力量跳动在字里行间。他的幽默也同林语堂之流的那种着意为之的幽默不同。总之，老舍先生成了我毕生最喜爱的作家之一，我对他怀有崇高的敬意。

但是，我认识老舍先生却完全出于一个偶然的机会。20世纪30年代初，我离开了高中，到清华大学来念书。当时老舍先生正在济南齐鲁大学教书。济南是我的老家，每年暑假，我都回去。李长之是济南人，他是我的唯一的一个小学、中学、大学"三连贯"的同学。有一年暑假，他告诉我，他要在家里请老舍先生吃饭，要我作陪。在旧社会，大学教授架子一般都非常大，他们与大学生之间宛然是两个阶级。要我陪大学教授吃饭，我真有点受宠若惊。及至见到老舍先生，他却全然不是我心目中的那种大学教授。他谈吐自然，蔼然可亲，一点架子也没有，特别是他那一口地道的京腔，铿锵有致，听他说话，简直就像是听音乐，是一种享受。从那以后，我们就算是认识了。

以后是激烈动荡的几十年。我在大学毕业以后，在济南高中教了一年国文，就到欧洲去了，一住就是十一年。中国胜利了，我才回来，在南京住了一个暑假。夜里睡在国立编译馆长之的办公桌上；白天没有地方待，就到处云游，什么台城、玄武湖、莫愁湖等，我游了一个遍。老舍先生好像同国立编译馆有什么联系，我常从长之口中听到他的名字，但是没有见过面。到了秋天，我也就离开了南京，乘海船绕道秦皇岛，来到北平。

以后又是更为激烈震荡的三年。用美式装备武装到牙齿的国民党反动军队，被彻底消灭。蒋介石一小撮到台湾去了。中国人民苦斗了一百多年，终于迎来解放的春天。我们这一群知识分子都亲身感受到，我们确实已经站起来了。就在这样的情况下，我在当时所谓故都又会见了老舍先生，距第一次见面已经有二十多年了。

我现在已经记不清楚我们重逢时的情景。但是我却清晰地记得起20世纪50年代初期召开的一次汉语规范化会议时的情景。当时语言学界的知名人士，以及曲艺界的名人，都被邀请参加，其中有侯宝林、马增芬姊妹等。老舍先生、叶圣陶先生、罗常培先生、吕叔湘先生、黎锦熙先生等都参加了。这是解放后语言学界的第一次盛会。当时还没有达到会议成灾的程度，因此大家的兴致都很高，会上的气氛也十分亲切融洽。

有一天中午，老舍先生忽然建议，要请大家吃一顿地道的北京饭。大家都知道，老舍先生是地道的北京人，他讲的地道的北京饭一定会是非常地道的，都欣然答应。老舍先生对北京人民生活之熟悉，是众所周知的。有人戏称他为"北京土地"。他结交的朋友，三教九流都有。他能一个人坐在大酒缸旁，同洋车夫、旧警察等旧社会的"下等人"，开怀畅饮，亲密无间，宛如亲朋旧友，谁也感觉不到他是大作家、名教授、留洋的学士。能做到这一步的，并世作家中没有第二人。这样一位老北京想请大家吃北京饭，大家的兴致哪能不高涨起来呢？商议的结果是到西四砂锅居去吃白煮肉，当然是老舍先生做东。他同饭馆的经理一直到小伙计都是好朋友，因此饭菜极佳，服务周到。大家尽兴地饱餐了一顿。虽然是一顿简单的饭，然而却令人毕生难忘。当时参加宴会今天还健在的叶老、吕先生大概还都记得这一顿饭吧。

还有一件小事，也必须在这里提一提。忘记了是哪一年了，反正我还住在城里翠花胡同没有搬出城外。有一天，我到东安市场北门对门的一家著名的理发馆里去理发，猛然瞥见老舍先生也在那里，正躺在椅子上，下巴上白糊糊的一团肥皂泡沫，正让理发师刮脸。这不是谈话的好时机，只寒暄了几句，就什么也不说了。等我坐在椅子上时，从镜子里看到他跟我打招呼、告别，看到他的身影走出门去。我理完发要付钱时，理发师说：老舍先生已经替你付过了。这样芝麻绿豆的小事殊不足以见老舍先生的精神，但是，难道也不足以见他这种细心体贴人的心情吗？

老舍先生的道德文章，光如日月，巍如山斗，用不着我来细加评论，我也没有那个能力。我现在写的都是一些小事。然而小中见大，于琐细中见精神，于平凡中见伟大，豹窥一斑，鼎尝一脔，不也能反映出老舍先生整个人格的一个缩影吗？

中国有一句俗话："好死不如赖活着。"这一句话道出了一个真理。一个人除非万不得已绝不会自己抛掉自己的生命。印度梵文中"死"这个动词，变化形式同被动态一样。我一直觉得非常有趣，非常有意思。印度古代语法学家深通人情，才创造出这样一个形式。死几乎都是被动的，有几个人主动地去死呢？老舍先生走上自沉这一条道路，必有其不得已之处。有人说，人在临死前总会想到许多许多东西的，他会想到自己的一生的。可惜我还没有这个经验，只能在这里胡思乱想。当老舍先生徘徊在湖水岸边决心自沉时，眼望湖水茫茫，心里悲愤填膺，唤天天不应，唤地地不答，悠悠天地，仿佛只剩下自己孤身一人，他会想到自己的一生吧！这一生是忠诚于祖国、忠诚于人民的一生，然而到头来却落到这等地步。为什么呢？究竟是为什么呢？如果自己留在美国不回来，著书立说，优游自在，洋房、汽车、声名利禄，无一缺少，舒舒服服地过一辈子，说不定能寿登耄耋，富埒王侯。他不是为了热爱自己的祖国母亲，才毅然历尽艰辛回来的吗？是今天祖国母亲无法庇护自己那远方归来的游子了呢？还是不愿意庇护了呢？我猜想，老舍先生决不会埋怨自己的祖国母亲，祖国母亲永远是可爱的，在任何情况下都是可爱的。他也决不会后悔回来的，但是，他确实有一些问题难以理解，他只有横下一条心，一死了之。这样的问题，我们今天又有谁能够理解呢？我想，老舍先生还会想到自己院子里种的柿子树和菊花，他当然也会想到自己的亲人，想到自己的朋友。所有这一些都是十分美好可爱的。对于这一些难道他就一点也不留恋吗？绝不会的，绝不会的，但是，有一种东西梗在他的心中，像大毒蛇缠住了他，他只能纵身一跳，投入波心，让弥漫的湖水给自己带来解脱了。

两千多年以前，屈原自沉于汨罗江。他行吟泽畔，心里想的恐怕同老舍先生有类似之处吧。他想到："蝉翼为重，千钧为轻；黄钟毁弃，瓦釜雷鸣。"他又想道："举世皆浊我独清，众人皆醉我独醒。"难道老舍先生也这样想过吗？这样的问题，有谁能够答复我呢？恐怕到了地球末日也没有人能答复了。我在泪眼模糊中，看到老舍先生戴着眼镜，在和蔼地对我笑着；我耳朵里仿佛听到了他那铿锵有节奏的北京话。我浑身颤抖，连灵魂也在剧烈地震动。

呜呼！我欲无言。

1987 年 10 月 1 日晨

# 回忆梁实秋先生

　　我认识梁实秋先生，同他来往，前后也不过两三年，时间是很短的。但是，他留给我的回忆却是很长很长的。分别之后，到现在已经四十年了。我仍然时常想到他。

　　1946年夏天，我在离开了祖国十一年之后，受尽了千辛万苦，又回到了祖国怀抱，到了南京。当时刚刚打败了日本侵略者，国民党的"劫收"大员正在全国满天飞，搜刮金银财宝，兴高采烈。我这一介书生，"无条无理"，手里没有几个钱，北京大学还没有开学，拿不到工资，住不起旅馆，只好借住在我小学同学李长之在国立编译馆的办公室内。他们白天办公，我就出去游荡，晚上回来，睡在办公桌上。早晨一起床，赶快离开。国立编译馆地处台城下面，我多半在台城上云游。什么鸡鸣寺、胭脂井，我几乎天天都到。再走远一点，出城就到了玄武湖。山光水色，风物怡人。但是我并没有多少闲情逸致观赏风景。我的处境颇像旧戏中的秦琼，我心里琢磨的是怎样卖掉黄骠马。

我这样天天游荡，梦想有朝一日自己能安定下来，有一间房子，有一张书桌。别的奢望，一点没有。我在台城上面看到郁郁葱葱的古柳，心头不由得涌出了古人的诗：

> 江雨霏霏江草齐
>
> 六朝如梦鸟空啼
>
> 无情最是台城柳
>
> 依旧烟笼十里堤

这里讲的仅仅是六朝。从六朝到现在，又不知道有多少朝多少代过去了。古柳依然是葱茏繁茂，改朝换代并没有影响了它们的情绪。今天我站在古柳面前，一点也没有觉得它们"无情"，我觉得它们有情得很。我天天在六月的炎阳下奔波游荡，只有在台城古柳的浓荫下才能获得片刻的清凉，让我能够坐下来稍憩一会儿。我难道不该感激这些古柳而还说三道四吗？

又过了一些时候，有一天长之告诉我，梁实秋先生全家从重庆复员回到南京了。梁先生也在国立编译馆工作。我听了喜出望外。我不认识梁先生，论资排辈，他大我十几岁，应该算是我的老师。他的文章我在清华大学读书时就读过不少，很欣赏他的文才，对他潜怀崇敬之情。万万没有想到竟在南京能够见到他。见面之后，立刻对他的人品和谈吐十分倾倒。没有经过什么繁文缛节，我们成了朋友。我记得，他曾在一家大饭店里宴请过我。梁夫人和三个孩子：文茜、文蔷、文骐，都见到了。那天饭菜十分精美，交谈更是异常愉快，给我留下了深刻的印象，至今忆念难忘。我自谓尚非馋嘴之辈，可为什么独独对酒宴记得这样清楚呢？难道自己也属于饕餮大王之列吗？这真叫作没有法子。

解放前夕，实秋先生离开了北平，到了台湾，文茜和文骐留下没有走。在那极"左"的时代，有人把这一件事看得大得不得了。现在看来，也没有什么了不起的。一个人相信马克思主义，这当然很好，这说明他进步。一个人不相信，或者暂时不相信，他也完全有自由，这也绝非反革命。我自己过去不是也不相信马克思主义吗？从来就没有哪一个人一生下就是马克思主义者，连马克思本人也不是，遑论他人。我们今天知人论事，要抱实事求是的态度。

至于说梁实秋同鲁迅有过一些争论，这是事实。是非曲直，暂作别论。我们今天反对对任何人搞"凡是"，对鲁迅也不例外。鲁迅是一个伟大人物，这谁也否认不掉。但不能说凡是鲁迅说的都是正确的。今天，事实已经证明，鲁迅也有一些话是不正确的，是形而上学的，是有偏见的。难道因为他对梁实秋有过批评意见，梁实秋这个人就应该永远打入十八层地狱吗？

实秋先生活到耄耋之年。他的学术文章，功在人民，海峡两岸，有目共睹，谁也不会有什么异词。我想特别提出一点来说一说。他到了老年，同胡适先生一样，并没有留恋异国，而是回到台湾定居。这充分说明，他是热爱我们祖国大地的。至于他的为人毫无架子，像对我和李长之这样年轻一代的人，竟也平等对待，态度真诚和蔼，更令人难忘。这种作风，即使不是绝无仅有，也总算是难能可贵。对我们今天已经成为前辈的人，不是很有教育意义吗？

去年，他的女儿文茜和文蔷奉父命专门来看我。我非常感动，知道他还没有忘掉我。这勾引起我回忆往事。回忆虽然如云如烟，但是感情却是非常真实的。我原期望还能在大陆见他一面，不意他竟尔仙逝。我非常悲痛，想写点什么，终未果。去年，他的夫人从台湾来北京举行追思会。我正在南京开会，没能亲临参加，只能眼望台城，临风凭吊。我对他的回忆将永远保留在我的心中，直至我不能回忆为止。我的这一篇短文，他当然无法看到了。但是，我仿佛觉得，而且痴情希望，他能看到。四十年音问未通，这是仅有的一次也是最后一次通音问了。悲夫！

1988 年 3 月 26 日

# 悼念沈从文先生

　　去年有一天，老友肖离打电话告诉我，从文先生病危，已经准备好了后事。我听了大吃一惊，悲从中来。一时心血来潮，提笔写了一篇悼念文章，自诧为倚马可待，情文并茂。然而，过了几天，肖离又告诉我说，从文先生已经脱险回家。我心里一块石头落了地，又窃笑自己太性急，人还没去，就写悼文，实在非常可笑。我把那一篇"杰作"往旁边一丢，从心头抹去了那一件事，稿子也沉入书山稿海之中，从此"云深不知处"了。

　　到了今年，从文先生真正去世了。我本应该写点什么的。可是，由于有了上述一段公案，懒于再动笔，一直拖到今天。同时我注意到，像沈先生这样一个人，悼念文章竟如此之少，有点不太正常，我也有点不平。考虑再三，还是自己披挂上马吧。

　　我认识沈先生已经五十多年了。当我还是一个大学生的时候，我就喜欢读他的作品。我觉得，在所有的并世的作家中，文章有独立风格的人并不多见。除了鲁迅先生之外，就是从文先生。他的作品，只要读了几行，立刻就能辨认出来，绝不含糊。他出身湘西的一个破落小官僚家庭，年轻时当过兵，没有受过多少正规的教育。他完全是自学成家。湘西那一片有点神秘的土地，其怪异的风土人情，通过沈先生的笔而大白于天下。湘西如果没有像沈先生这样的大作家和像黄永玉先生这样的大画家，恐怕一直到今天还是一片充满了神秘的 terra incognita（没有人了解的土地）。

我同沈先生打交道，是通过一件不大不小的事情。丁玲的《母亲》出版以后，我读了觉得有一些意见要说，于是写了一篇书评，刊登在郑振铎、靳以主编的《文学季刊》创刊号上。刊出以后，我听说，沈先生有一些意见。我于是立即写了一封信给他，同时请郑先生在《文学季刊》创刊号再版时，把我那一篇书评抽掉。也许就是由于这一个不能算是太愉快的因缘，我们就认识了。我当时是一个穷学生，沈先生是著名的作家。社会地位，虽不能说如云泥之隔，毕竟差一大截子。可是他一点名作家的架子也不摆，这使我非常感动。他同张兆和女士结婚，在北京前门外大栅栏撷英番菜馆设盛大宴席，我居然也被邀请。当时出席的名流如云。证婚人好像是胡适之先生。

从那以后，有很长的时间，我们并没有多少接触。我到欧洲去住了将近十一年。他在抗日烽火中在昆明住了很久，在西南联大任国文系教授。彼此音问断绝。他的作品我也读不到了。但是，有时候，不知是出于什么原因，我在饥肠辘辘、机声嗡噙中，竟会想到他。我还是非常怀念这一位可爱、可敬、淳朴、奇特的作家。

一直到 1946 年夏天，我回到祖国。这一年的深秋，我终于又回到了别离了十几年的北平。从文先生也于此时从云南复员来到北大，我们同在一个学校任职。当时我住在翠花胡同，他住在中老胡同，都离学校不远，因此我们也相距很近。见面的次数就多了起来。他曾请我吃过一顿相当别致、毕生难忘的饭——云南有名的汽锅鸡。锅是他从昆明带回来的，外表看上去像宜兴紫砂，上面雕刻着花卉书法，古色古香，虽系厨房用品，然却古朴高雅，简直可以成为案头清供，与商鼎周彝斗艳争辉。

就在这一次吃饭时，有一件小事给我留下了深刻的印象。当时要解开一个用麻绳捆得紧紧的什么东西，只需用剪子或小刀轻轻地一剪一割，就能开开。然而从文先生却抢了过去，硬是用牙把麻绳咬断。这一个小小的举动，有点粗劲，有点蛮劲，有点野劲，有点土劲，并不高雅，并不优美。然而，它却完全透露了沈先生的个性。在达官贵人、高等华人眼中，这简直非常可笑，非常可鄙。可是，我欣赏的却正是这一种劲头。我自己也许就是这样一个"土包子"，虽然同那一些只会吃西餐、穿西装、半句洋话也不会讲偏又自认为是"洋包子"的人比起来，我并不觉得低他们一等。不是有一些人也认为沈先生是"土包子"吗？

还有一件小事，也使我忆念难忘。有一次我们到什么地方去游逛，可能是中山公园之类。我们要了一壶茶，我正要拿起茶壶来倒茶，沈先生连忙抢了过去，先斟出了一杯，又倒入壶中，说只有这样才能把茶味调得均匀。这当然是一件微不足道的小事，然而在琐细中不是更能看到沈先生的精神吗？

小事过后，来了一件大事：我们共同经历了北平的解放。在这个关键时刻，我并没有听说，从文先生有逃跑的打算。他的心情也是激动的，虽然他并不故做革命状，以达到某种目的，他仍然是朴素如常。可是厄运还是降临到他头上来。一个著名的马列主义文艺理论家，在香港出版的一个进步的文艺刊物上，发表了一篇长文，题目大概是什么《文坛一瞥》之类，前面有一段相当长的修饰语。这一位理论家视觉似乎特别发达，他在文坛上看出了许多颜色。他"一瞥"之下，就把沈先生"瞥"成了粉红色的小生。我没有资格对这一篇文章发表意见。但是，沈先生好像是当头挨了一棒，从此被"瞥"下了文坛，销声匿迹，再也不写小说了。

一个惯于舞笔弄墨的人，一旦被剥夺了写作的权利，他心里是什么滋味，我说不清；他有什么苦恼，我也说不清。然而，沈先生并没有因此而消沉下去。文学作品不能写，还可以干别的事嘛。他是一个精力旺盛的人，他是一个闲不住的人，他转而研究起中国古代的文物来，什么古纸、古代刺绣、古代衣饰等，他都研究。凭了他那一股惊人的钻研的能力，过了没有多久，他就在新开发的领域内取得了可喜的成绩。他那一本讲中国服饰史的书，出版以后，洛阳纸贵，受到国内外一致的高度的赞扬，他成了这方面权威。他自己也写章草，又成了一个书法家。

有点讽刺意味的是，正当他手中写小说的笔被"瞥"掉的季美林先生题写的"厚德载物"

时候，从国外沸沸扬扬传来了消息，说国外一些人士想推选他做诺贝尔文学奖的候选人。我在这里着重声明一句，我们国内有一些人特别迷信诺贝尔奖，迷信的劲头，非常可笑。试拿我们中国没有得奖的那几位文学巨匠同已经得奖的欧美的一些作家来比一比，其差距简直有如高山与小丘。同此辈争一日之长，有这个必要吗！推选沈先生当候选人的事是否进行过，我不得而知。沈先生怎样想，我也不得而知。我在这里提起这一件事，只不过把它当作沈先生一生中一个小小的插曲而已。

我曾在几篇文章中都讲到，我有一个很大的缺点（优点？），我不喜欢拜访人。有很多可尊敬的师友，比如我的老师朱光潜先生、董秋芳先生等，我对他们非常敬佩，但在他们健在时，我很少去拜访。对沈先生也一样。偶尔在什么会上，甚至在公共汽车上相遇，我感到非常亲切，他好像也有同样的感情。他依然是那样温良、淳朴，时代的风风雨雨在他身上，似乎没有留下什么痕迹，说白了就是没有留下伤痕。一谈到中国古代科技、艺术等，他就喜形于色，眉飞色舞，娓娓而谈，如数家珍，天真得像一个大孩子。这更增加了我对他的敬意。我心里曾几次动过念头：去看一看这一位可爱的老人吧！然而，我始终没有行动。现在人天隔绝，想见面再也不可能了。

有生必有死，是大自然的规律。我知道，这个规律是违抗不得的，我也从来没有想去违抗。古代许多圣君贤相，聪明一世，糊涂一时，想方设法，去与这个规律对抗，妄想什么长生不老，结果却事与愿违，空留下一场笑话。这一点很清楚。但是，生离死别，我又不能无动于衷。古人云：太上忘情。我是一个微不足道的凡人，无论如何也做不到忘情的地步，只有把自己钉在感情的十字架上了。我自谓身体尚颇硬朗，并不服老。然而，曾几何时，宛如黄粱一梦，自己已接近耄耋之年。许多可敬可爱的师友相继离我而去。此情此景，焉能忘情？现在从文先生也加入了去者的行列。他一生安贫乐道，淡泊宁静，死而无憾矣。对我来说，忧思却着实难以排遣。像他这样一个有特殊风格的人，现在很难找到了。我只觉得大地茫茫，顿生凄凉之感。我没有别的本领，只能把自己的忧思从心头移到纸上，如此而已。

1988 年 11 月 2 日写于香港中文大学会友楼

# 回忆雨僧先生①

雨僧先生离开我们已经十多年了。作为他的受业弟子，我同其他弟子一样，始终在忆念着他。

雨僧先生是一个奇特的人，身上也有不少的矛盾。他古貌古心，同其他教授不一样，所以奇特。他言行一致，表里如一，同其他教授不一样，所以奇特。别人写白话，写新诗；他偏写古文，写旧诗，所以奇特。他反对白话文，但又十分推崇用白话文写成的《红楼梦》，所以矛盾。他看似严肃、古板，但又颇有一些恋爱的浪漫史，所以矛盾。他能同青年学生来往，但又凛然、俨然，所以矛盾。

总之，他是一个既奇特又矛盾的人。

我这样说，不但丝毫没有贬义，而且是充满了敬意。雨僧先生在旧社会是一个不同流合污、特立独行的畸人，是一个真

①本文是作者为《回忆吴宓先生》一书所作的序言。

正的人。

当年在清华读书的时候，我听过他几门课："英国浪漫诗人""中西诗之比较"等。他讲课认真、严肃，有时候也用英文讲，议论时有警策之处。高兴时，他也把自己新写成的旧诗印发给听课的同学，《空轩》十二首就是其中之一。这引得编《清华周刊》的学生秀才们把他的诗译成白话，给他开了一个不大不小而又无伤大雅的玩笑。他一笑置之，不以为忤。他的旧诗确有很深的造诣，同当今想附庸风雅的、写一些根本不像旧诗的"诗人"，绝不能同日而语。他的"中西诗之比较"实际上讲的就是比较文学。当时这个名词还不像现在这样流行。他实际上是中国比较文学的奠基人之一，值得我们永远怀念的。

他坦诚率真，十分怜才。学生有一技之长，他决不掩没，对同事更是不懂得什么叫忌妒。他在美国时，邂逅结识了陈寅恪先生。他立即驰书国内，说："合中西新旧各种学问而统论之，吾必以寅恪为全中国最博学之人。"也许就是由于这个缘故，他在清华作为西洋文学系的教授而一度兼国学研究院的主任。

他当时给天津《大公报》主编一个《文学副刊》。我们几个喜欢舞笔弄墨的青年学生，常常给副刊写点书评一类的短文，因而无形中就形成了一个小团体。我们曾多次应邀到他那在工字厅的住处：藤影荷声之馆去做客，也曾被请在工字厅的教授们的西餐餐厅去吃饭。这在当时教授与学生之间存在着一条看不见但感觉到的鸿沟的情况下，是非常难能可贵的。至今回忆起来还感到温暖。

我离开清华以后，到欧洲去住了将近十一年。回到国内时，清华和北大刚刚从云南复员回到北平。雨僧先生留在四川，没有回来。其中原因，我不清楚，也没有认真去打听。但是，我心中却有一点疑团：这难道会同他那耿直的为人有某些联系吗？是不是有人早就把他看作眼中钉了呢？在这漫长的几十年内，我只在20世纪60年代初期，在燕东园李赋宁先生家中拜见过他。以后就再没有见过面。

在"十年浩劫"中，他当然不会幸免。听说，他受过惨无人道的折磨，挨了打，还摔断了什么地方，我对此丝毫也不感到奇怪。以他那种奇特的特立独行的性格，他决不会投机说谎，决不会媚俗取巧，受到折磨，倒是合乎规律的。反正知识久已不值一文钱，知识分子被视为"老九"。在黄钟毁弃，瓦釜雷鸣的时代，我有意不去仔细打听，不知道反而能减轻良心上的负担。至于他有什么想法，我更是无从得知。现在，他终于离开我们，走了。从此人天隔离，永无相见之日了。

雨僧先生这样一个奇特的人，这样一个不同流合污特立独行的人，是会受到他的朋友们和弟子们的爱戴和怀念的。现在编集的这一本《回忆吴宓先生》就是一个充分的证明。

他的弟子和朋友都对他有自己的一份怀念之情，自己的一份回忆。这些回忆不可能完全一样，因为每一个人都有自己观察事物和人物的角度和特点。但是又不可能完全不一样。因为回忆的毕竟是同一个人——我们敬爱的雨僧先生。这一部回忆录就是这样一部既不一样又不不一样的汇合体。从这个一样又不一样的汇合体中可以反照出雨僧先生整个的性格和人格。

　　我是雨僧先生的弟子之一，在贡献上我自己那一份回忆之余，又应编者的邀请写了这一篇序。这两件事都是我衷心愿意去做的。也算是我献给雨僧先生的心香一瓣吧。

1989 年 3 月 22 日

# 我的老师董秋芳先生

难道人到了晚年就只剩下回忆了吗？我不甘心承认这个事实，但又不能不承认。我现在就是回忆多于前瞻。过去六七十年不大容易想到的师友，现在却频来入梦。

其中我想的最多的是董秋芳先生。

董先生是我在济南高中时的国文教员，笔名冬芬。胡也频先生被国民党通缉后离开了高中，再上国文课时，来了一位陌生的教员，个子不高，相貌也没有什么惊人之处，一只手还似乎有点毛病，说话绍兴口音颇重，不很容易懂。但是，他的笔名我们却是熟悉的。他翻译过一本苏联小说：《争自由的波浪》，鲁迅先生作序；他写给鲁迅先生的一封长信，我们在报刊上读过，现在收在《鲁迅全集》中。因此，面孔虽然陌生，但神交却已很久。这样一来，大家处得很好，也自是意中事了。

在课堂上，他同胡先生完全不同。他不讲什么"现代文艺"，也不宣传革命，只是老老实实地讲书，认真小心地改学生的作文。他也讲文艺理论，却不是弗里茨，而是日本厨川白村的《苦闷的象征》《出了象牙之塔》，都是鲁迅先生翻译的。他出作文题目很特别，往往只在黑板上大书"随便写来"四个字，意思自然是，我们愿意写什么，就写什么；愿意怎样写，就怎样写，丝毫不受约束，有绝对的写作自由。

我就利用这个自由写了一些自己愿意写的东西。我从小学经过初中到高中前半，写的都是文言文；现在一旦改变，并没有感到有什么不适应。原因是我看了大量的白话旧小说，对"五四"以来的新文学作品，鲁迅、胡适、周作人、郭沫若、郁达夫、茅盾、巴金等人的小说和散文几乎读遍了，自己动手写白话文，颇为得心应手，仿佛从来就写白话文似的。

在阅读的过程中，潜移默化，在无意识中形成了自己对写文章的一套看法。这套看法的最初根源似乎是来自旧文学，从庄子、孟子、史记，中间经过唐宋八大家，一直到明末的公安派和竟陵派，清代的桐城派，都给了我不同程度、不同方式的灵感。这些大家时代不同，风格迥异，但是却有不少共同之处。根据我的归纳，可以归为三点：第一，感情必须充沛真挚；第二，遣词造句必须简练、优美、生动；第三，整篇布局必须紧凑、浑成。三者缺一，就不是一篇好文章。文章的开头与结尾，更是至关重要。后来读了一些英国名家的散文，我也发现了同样的规律。我有时甚至想到，写文章应当像谱乐曲一样，有一个主旋律，辅之以一些小的旋律，前后照应，左右辅助，要在纷绘变化中有统一，在统一中有错综复杂，关键在于有节奏。总之，写文章必须惨淡经营。自古以来，确有一些文章如行云流水，仿佛是信手拈来，毫无斧凿痕迹。但是那是长期惨淡经营终入化境的结果。如果一开始就行云流水，必然走入魔道。

我这些想法形成于不知不觉之中，自己并没有清醒的意识。它也流露于不知不觉之中，自己也没有清醒的意识。有一次，在董先生的作文课堂上，我在"随便写来"的启迪下，写了一篇记述我回故乡奔母丧的悲痛心情的作文。感情真挚，自不待言。在谋篇布局方面却没有意识到有什么特殊之处。作文本发下来了，却使我大吃一惊。董先生在作文本每一页上面的空白处都写了一些批注，不少地方有这样的话："一处节奏""又一处节奏"，等等。我真是如拨云雾见青天："这真是我写的作文吗？"这真是我的作文，不容否认。"我为什么没有感到有什么节奏呢？"这也是事实，不容否认。我的苦心孤诣连自己也没有意识到的，却为董先生和盘托出。知己之感，油然而生。这决定了我一生的活动。从那以后，六十年来，我从事研究的是一些稀奇古怪的东西，与文章写作风马牛不相及。但是感情一受到剧烈的震动，所谓"心血来潮"，则立即拿起笔来，写点什么。至今已到垂暮之年，仍然是积习难除，锲而不舍。这同董先生的影响是绝对分不开的。我对董先生的知己之感，将伴我终生了。

高中毕业以后，到北京来念了四年大学，又回到母校济南高中教了一年国文，然后在欧洲待了将近十一年，1946年才回到祖国。在这长达二十多年的时间内，我一直没有同董秋芳老师通过信，也完全不知道他的情况。20世纪50年代初，在民盟的一次会上，完全出我意料之外，我竟见到了董先生，看那样子，他已垂垂老矣。我激动得说不出话来，他也非常激动。但是我平生有一个弱点：不善于表露自己的感情。董先生看来也是如此。我们每个人心里都揣着一把火，表面上却颇淡漠，大有君子之交淡如水之慨了。

我生平还有一个弱点，我曾多次提到过，这就是，我不喜欢拜访人。这两个弱点加在一起，就产生了致命的后果：我同我平生感激最深、敬意最大的老师的关系，看上去有点若即若离了。

不记得是什么时候了，董先生退休了，离开北京回到了老家绍兴。这时候大概正处在"十年浩劫"期间，我是泥菩萨过江，自身难保。自顾不暇，没有余裕来想到董先生了。

又过一些时候，听说董先生已经作古，乍听之下，心里震动得非常剧烈。一霎时，心中几十年的回忆、内疚、苦痛，蓦地抖动起来。我深自怨艾，痛悔无已。然而已经发生过的事情是无法挽回的。看来我只能抱恨终天了。

我虽然研究佛教，但是从来不相信什么生死轮回、再世转生。可是我现在真想相信一下。我自己屈指计算了一下，我这一辈子基本上是一个善人，坏事干过一点，但并不影响我的功德。下一生，我不敢，也不愿奢望转生为天老爷，但我定能托生为人，不致走入畜生道。董先生当然能转生为人，这不在话下。等我们两个隔世相遇的时候，我相信，我的两个弱点经过地狱的磨炼已经克服得相当彻底，我一定能向他表露我的感情，一定常去拜访他，做一个程门立雪的好弟子。

　　然而，这一些都是可能的吗？这不是幻想又是什么呢？"他生未卜此生休。"我怅望青天，眼睛里溢满了泪水。

1990 年 3 月 24 日

# 晚节善终　大节不亏

——悼念冯芝生（友兰）先生

芝生先生离开我们，走了。对我来说，这噩耗既在意内，又出意外。约莫三四个月以前，我曾到医院去看过他，实际上含有诀别的意味。但是，过了不久，他又奇迹般地出了院。后来又听说，他又住了进去。以九十五周岁的高龄，对医院这样几出几进，最后终于永远离开了医院，也离开了我们。难道说这还不是意内之事吗？

可是芝生先生对自己的长寿是充满了信心的。他在八十八岁自寿联中写道：

何止于米？相期以茶。

胸怀四化，寄意三松。

"米"寿指八十八岁，"茶"寿指一百〇八岁。他活到九十五岁，离"茶"寿还有十三年，当然不会满足的。去年，中国文化书院准备为他庆祝九十五岁诞辰，并举办国际学术讨论会。他坚持要到今年九十五周岁时举办。可见他信心之坚。他这种信心也感染了我们。我们都相信他会创造奇迹的。今年的庆典已经安排妥帖，国内外请柬都已发出，再过一个礼拜，就要举行了。可惜他偏在此时离开了我们，使庆祝改为悼念。不说这是意外又是什么呢？

在芝生先生弟子一辈的人中，我可能是接触到冯友兰这个名字最早的人。1926年，我在济南一所高中读书，这是一所文科高中。课程中除了中外语文、历史、地理、心理、伦理、《诗经》《书经》等以外，还有一门人生哲学，用的课本就是芝生先生的《人生哲学》。我当时只十五岁，既不懂人生，也不懂哲学。但是对这一门课的内容，颇感兴趣。从此芝生先生的名字，就深深地印在我的心中，我认为，他是一个高不可攀的大人物。屈指算来，现在已有六十四年了。

后来，我考进了清华大学，入西洋文学系。芝生先生是文学院长。当时清华大学规定，文科学生必须选一门理科的课，逻辑学可以代替。我本来有可能选芝生先生的课，临时改变主意，选了金岳霖先生的课。因此我一生没有上过芝生先生的课。在大学期间，同他根本没有来往，只是偶尔听他的报告或者讲话而已。

时过境迁，我大学毕业后，当了一年高中国文教员，到欧洲去漂泊了将近十一年。抗日战争后，回到了祖国。由于陈寅恪先生的介绍,到北大来工作。这时芝生先生从大后方复员回到北平,仍然在清华任教。我们没有接触的机会,只是偶尔从别人口中得知芝生先生在西南联大时的情况,也有过一些议论。这在当时是难以避免的。至于真相究竟如何,谁也不去探究了。

不久就迎来了解放。据我的推测,芝生先生本来有资格到台湾去的。然而他留下没走,同我们共同度过了一段既感到光明,又感到幸福的时刻。至于他是怎样想的,我完全不知道。不管怎样,他的朋友和弟子们从此对他有新的认识,这却是事实。他曾给毛泽东同志写过一封信,毛回复了一封比较长的信。"十年浩劫"期间,我听他亲口读过。他当时是异常激动的。此是后话,这里暂且不表了。

不久,我国政府组成了一个文化代表团,应邀赴印度和缅甸访问。这是新中国开国后第一个比较大型的出访代表团,团员中颇有一些声誉卓著、有代表性的学者、文学家和艺术家。丁西林任团长,郑振铎、阳翰笙、钱伟长、吴作人、常书鸿、张骏祥、周小燕等,以及芝生先生都是团员,我也滥竽其中。秘书长是刘白羽。因为这个团很重要,周总理亲自关心组团的工作,亲自审查出国展览的图片。记得是1951年整个夏天,我们都在做准备工作,最费事的是画片展览。我们到处拍摄、搜集能反映新中国新气象的图片,最后汇总在故宫里面的一个大殿里,满满的一屋子,请周总理最后批准。我们忙忙碌碌,过了一个异常紧张但又兴奋愉快的夏天。

那一年国庆节前,我们到了广州,参加了观礼活动。我们在广州又住了一段时间，将讲稿或其他文件译为英文，做好最后的准备工作。此时，广州解放时间不长，国民党的飞机有时还来骚扰，特务活动也时有所闻。我们出门，都有便衣怀藏手枪的保安人员跟随，暗中加以保护。我们一切都准备好后，便乘车赴香港，换乘轮船，驶往缅甸，开始了对天竺和缅甸的长达几个月的长征……

从此以后，我们全团十几个人就马不停蹄，跋山涉水，几乎是一天换一个新地方，宛如走马灯一般。脑海里天天有新印象，眼前时时有新光景，乘船、乘汽车、乘火车、乘飞机，几乎看尽了春、夏、秋、冬四季风光，享尽了印度、缅甸人民无法形容的热情的款待。我不能忘记，我们曾在印度洋的海船上，看飞鱼飞跃。晚上在当空的皓月下，面对浩渺蔚蓝的波涛，追怀往事。我不能忘记，我们在印度闻名世界的奇迹泰姬陵上欣赏"琼楼玉宇高处不胜寒"的奇景。我不能忘记，我们在亚洲大陆最南端科摩林海角沐浴大海，晚上共同招待在黑暗中摸黑走八十里路，目的只是想看一看中国代表团的印度青年。我不能忘记，我们在佛祖释迦牟尼打坐成佛的金刚座旁流连瞻谒，我从印度空军飞机驾驶员手中接过几片菩提树叶，而芝生先生则用口袋装了一点金刚座上的黄土。我不能忘记，我们在金碧辉煌的土邦王公的天方夜谭般的宫殿里，共同享受豪华晚餐，自己也仿佛进入了童话世界。我不能忘记，在缅甸茵莱湖上，看缅甸船主独脚划船。我不能忘记，我们在加尔各答开着电风扇，啃着西瓜，度过新年。我不能忘记的事情太多太多了，怎么说也是说不完的。一想起印缅之行，我脑海里就成了万花筒，光怪陆离，五彩缤纷。中间总有芝生先生的影子在，他长须飘胸，道貌岸然。其他团员也都各具特点，令人忆念难忘。这情景，当时已不寻常，何况现在事后追思呢？

根据解放后一些代表团出国访问的经验，在团员与团员之间的关系方面，往往可以看出三个阶段。初次聚在一起时，大家都和和睦睦，客客气气。后来逐渐混熟了，渐渐露出真面目，放言无忌。到了后期，临解散以前，往往又对某一些人心怀不满，胸有芥蒂。这个三段论法，真有点厉害，常常真能兑现。

但是，我们的团却不是这个样子。

我们自始至终，都是能和睦相处的。我们团中还产生了一对情侣，后来有情人终成了眷属。可见气氛之融洽。在所有的团员和工作人员中，最活跃的是郑振铎先生。他身躯高大魁梧，说话声音洪亮。虽然已经渐入老境，但不失其赤子之心。他同谁都谈得来，也喜欢开个玩笑，而最爱抬杠。团中爱抬杠者，大有人在。代表团成立了一个抬杠协会，简称"杠协"。大家想选一个会长，领袖群伦。于是月旦群雄，最后觉得郑先生喜抬杠，而不自知其为抬杠，已经达到抬杠圣境，圆融无碍。大家一致推选他为"杠协"会长，在他领导之下，团中杠业发达，皆大欢喜。

郑先生同芝生先生年龄相若，而风格迥异，芝生先生看上去很威严，说话有点口吃。但有时也说点笑话，足证他是一个懂得幽默的人。郑先生开玩笑的对象往往就是芝生先生。他经常喊芝生先生为"大胡子"，不时说些开玩笑的话。有一次，理发师正给芝生先生刮脸，郑先生站在旁边起哄，连声对理发师高呼："把他的络腮胡子刮掉！"理发师不知所措，一失手，真把胡子刮掉一块。这时候，郑先生大笑，旁边的人也陪着哄笑。然而芝生先生只是微微一笑，神色不变，可见先生的大度包容的气概。《世说新语》载："王子猷、子敬曾俱坐一室，上忽发火。子猷遽走避，不惶取屐。子敬神色恬然，徐唤左右，扶凭而出，不异平常。世以此定二王神宇。"芝生先生的神宇有点近似子敬。

上面举的只是一件微末小事。但是由小可以见大。总之，我们的代表团就是在这种熟悉而不亵渎、亲切而互相尊重的气氛中，共同生活了半年。我得以认识芝生先生，也是在这一段时期内的事。屈指算来，到现在也近四十年了。

对于芝生先生的专门研究领域——中国哲学史，我几乎完全是一个门外汉，不敢胡言乱语。但是他治中国哲学史的那种坚韧不拔的精神，我却是能体会到的，而且是十分敬佩的。为了这一门学问，他不知遭受了多少批判。他提倡的道德抽象继承论，也同样受到严厉的诡辩式的批判。但是，他能同时在几条战线上应战，并没有被压垮。他坚持真理，修正错误，不惜以今日之我非昨日之我，经常在修订他的《中国哲学史》，我说不清已经修订过多少次了。我相信，倘若能活到一百〇八岁，他仍然是要继续修订的。只是这一点精神，难道还不值得我们认真学习吗？

芝生先生走过了九十五年的漫长的人生道路，九十五岁几乎等于一个世纪。自从公元建立后，至今还不到二十个世纪。芝生先生活了公元的二十分之一，时间够长的了。他一生经历了清代、民国、洪宪、军阀混战、国民党统治、抗日战争，一直迎来了解放。道路并不总是平坦的，有阳关大道，也有独木小桥，曲曲折折，坎坎坷坷。然而芝生先生以他那奇特的乐观精神和适应能力，不断追求真理，追求光明，忠诚于自己的学术事业，热爱祖国，热爱祖国的传统文化，终于走完了人生长途。仰不愧于天，俯不作于地。我们可以说他是晚节善终，大节不亏。他走了一条中国老知识分子应该走的道路。在他身上，我们是可以学习到很多东西的。

芝生先生！你完成了人生的义务，掷笔去世，把无限的怀思留给了我们。

芝生先生！你度过漫长疲劳的一生，现在是应该休息的时候了。你永远休息吧！

1990 年 12 月 3 日

# 回忆陈寅恪先生

　　别人奇怪，我自己也奇怪：我写了这样多的回忆师友的文章，独独遗漏了陈寅恪先生。这究竟是为什么呢？对我来说，这是事出有因，查亦有据的。我一直到今天还经常读陈先生的文章，而且协助出版社出先生的全集。我当然会时时想到寅恪先生的。我是一个颇为喜欢舞笔弄墨的人，想写一篇回忆文章，自是意中事。但是，我对先生的回忆，我认为是异常珍贵的，超乎寻常的神圣的。我希望自己的文章不要玷污了这一点神圣性，故而迟迟不敢下笔。到了今天，北大出版社要出版我的《怀旧集》，已经到了非写不行的时候了。

　　要论我同寅恪先生的关系，应该从六十五年前的清华大学算起。我于1930年考入国立清华大学，入西洋文学系（不知道从什么时候起改名为外国语文系）。西洋文学系有一套完整的教学计划，必修课规定得有条有理，完完整整。但是给选修课留下的时间却是很富裕的。除了选修课以外，还可以旁听或者偷听。教师不以为忤，学生各得其乐。我曾旁听过朱自清、俞平伯、郑振铎等先生的课，都安然无恙，而且因此同郑振铎先生建立了终生的友谊。但也并不是一切都一帆风顺。我同一群学生去旁听冰心先生的课。她当时极年轻，而名满天下。我们是慕名而去的。冰心先生满脸庄严，不苟言笑，看到课堂上挤满了这样多学生，知道其中有"诈"，于是威仪俨然地下了"逐客令"："凡非选修此课者，下一堂不许再来！"我们悚然而听，憬然而退，从此不敢再进她讲课的教室。四十多年以后，我同冰心重逢，她已经变成了一个慈祥和蔼的老人，由怒目金刚一变而为慈眉菩萨。我向她谈起她当年"逐客"的事情，她已经完全忘记，我们相视而笑，有会于心。

就在这个时候，我旁听了寅恪先生的"佛经翻译文学"。参考书用的是《六祖坛经》，我曾到城里一个大庙里去买过此书。寅恪师讲课，同他写文章一样，先把必要的材料写在黑板上，然后再根据材料进行解释、考证、分析、综合，对地名和人名更是特别注意。他的分析细入毫发，如剥蕉叶，愈剥愈细、愈剥愈深，然而一本实事求是的精神，不武断，不夸大，不歪曲，不断章取义。他仿佛引导我们走在山阴道上，盘旋曲折、山重水复，柳暗花明，最终豁然开朗，把我们引上阳关大道。读他的文章，听他的课，简直是一种享受，无法比拟的享受。在中外众多学者中，能给我这种享受的，国外只有亨利希·吕德斯（Heinrich Lüders），在国内只有陈师一人。他被海内外学人公推为考证大师，是完全应该的。这种学风，同后来滋害流毒的"以论代史"的学风，相差不可以道里计。然而，茫茫士林，难得解人，一些鼓其如簧之舌惑学人的所谓"学者"，骄纵跋扈，不禁令人浩叹矣。寅恪师这种学风，影响了我的一生。后来到德国，读了吕德斯教授的书，并且受到了他的嫡传弟子瓦尔德施米特（Waldschmidt）教授的教导和熏陶，可谓三生有幸，可惜自己的学殖瘠茫，又限于天赋，虽还不能论无所收获，然而犹如细流比沧海，空怀仰止之心，徒增效颦之恨。这只怪我自己，怪不得别人。

总之，我在清华四年，读完了西洋文学系所有的必修课程，得到了一个学士头衔。现在回想起来，说一句不客气的话：我从这些课程中收获不大。欧洲著名的作家，什么莎士比亚、歌德、塞万提斯、莫里哀、但丁等的著作都读过。连现在忽然时髦起来的《尤利西斯》和《追忆似水年华》等也都读过，然而大都是浮光掠影，并不深入。给我留下深远影响的课反而是一门旁听课和一门选修课。前者就是在上面谈到寅恪师的"佛经翻译文学"；后者是朱光潜先生的"文艺心理学"，也就是美学。关于后者，我在别的地方已经谈过，这里就不再赘述了。

在清华时，除了上课以外，同陈师的接触并不太多。我没到他家去过一次。有时候，在校内林荫道上，在熙来攘往的学生人流中，有时会见到陈师去上课。身着长袍，朴素无华，肘下夹着一个布包，里面装满了讲课时用的书籍和资料。不认识他的人，恐怕大都把他看成是琉璃厂某一个书店的到清华来送

谒太昊宫

明丰悦心

土圣生为造化主

河图泻献心之谱

信心一画鸿蒙开

千古斯文称鼻祖

季羡林

季羡林先生谒太昊宫题词

书的老板，绝不会知道，他就是名扬海内外的大学者。他同当时清华留洋归来的大多数西装革履、发光鉴人的教授，迥乎不同。在这一方面，他也给我留下了毕生难忘的印象，令我受益无穷。

离开了水木清华，我同寅恪先生有一个长期的别离。我在济南教了一年国文，就到了德国哥廷根大学。到了这里，我才开始学习梵文、巴利文和吐火罗文。在我一生治学的道路上，这是一个极关重要的转折点。我从此告别了歌德和莎士比亚，同释迦牟尼和弥勒佛打起交道来。不用说，这个转变来自寅恪先生的影响。真是无巧不成书，我的德国老师瓦尔德施米特教授同寅恪先生在柏林大学是同学，同为吕德斯教授的学生。这样一来，我的中德两位老师同出一个老师的门下。有人说："名师出高徒。"我的老师和太老师们不可谓不"名"矣，可我这个徒却太不"高"了。忝列门墙，言之汗颜。但不管怎样说，这总算是一个中德学坛上的佳话吧。

我在哥廷根十年，正值二战，是我一生精神上最痛苦然而在学术上收获却是最丰富的十年。国家为外寇侵入，家人数年无消息，上有飞机轰炸，下无食品果腹。然而读书却无任何干扰。教授和学生多被征从军。偌大的两个研究所：印度学研究所和汉学研究所，都归我一个人掌管。插架数万册珍贵图书，任我翻阅。在汉学研究所深深的院落里，高大阴沉的书库中；在梵学研究所古老的研究室中，阒无一人。天上飞机的嗡嗡声与我腹中的饥肠辘辘声相应和。闭目则浮想联翩，神驰万里，看到我的国，看到我的家；张目则梵典在前，有许多疑难问题，需要我来发覆。我此时恍如遗世独立，苦欤？乐欤？我自己也回答不上来了。

经过了轰炸的炼狱，又经过了饥饿，到了1945年，在我来到哥廷根十年之后，我终于盼来了光明，法西斯垮台了。美国兵先攻占哥廷根，后为英国人来接管。此时，我得知寅恪先生在英国医目疾。我连忙写了一封长信，向他汇报我十年来学习的情况，并将自己在哥廷根科学院院刊及其他刊物上发表的一些论文寄呈。出乎我意料地迅速，我得了先生的复信，也是一封长信，告诉我他的近况，并说不久将回国，信中最重要的事情是说，他想向北大校长胡适，代校长傅斯年，文学院长汤用彤几位先生介绍我到北大任教。我真是喜出望外，谁听到能到最高学府去任教而会不引以为荣呢？我于是立即回信，表示同意和感谢。

这一年深秋，我终于告别了住了整整十年的哥廷根，怀着"客树回望成故乡"的心情，一步三回首地到了瑞士。在这个山明水秀的世界公园里住了几个月，1946年春天，经过法国和越南的西贡，又经过香港，回到了上海。在克家的榻榻米上住了一段时间。从上海到了南京，又睡到了长之的办公桌上。这时候，寅恪先生也已从英国回到南京。我曾谒见先生于俞大维官邸中。谈了谈阔别十多年以来的详细情况，先生十分高兴，叮嘱我到鸡鸣寺下中央研究院去拜见北大代校长傅斯年先生，特别嘱咐我带上我用德文写的论文，可见先生对我爱护之深以及用心之细。

这一年的深秋，我从南京回到上海，乘轮船到了秦皇岛，又从秦皇岛乘火车回到了阔别十二年的北京（当时叫北平）。由于战争关系，津浦路早已不通，回北京只能走海路，从那里到北京的铁路由美国少爷兵把守，所以还能通车。到了北京以后，一片"落叶满长安"的悲凉气象。我先在沙滩红楼暂住，随即拜见了汤用彤先生。按北大当时的规定，从海外得到了博士学位回国的人，只能任副教授，在清华叫作专任讲师，经过几年的时间，才能转为正教授。我当然不能例外，而且心悦诚服，没有半点非分之想。然而过了大约一周的光景，汤先生告诉我，我已被聘为正教授，兼东方语言文学系的系主任。这真是石破天惊，大大地出我意料。我这个当一周副教授的纪录，大概也可以进入吉尼斯世界纪录了吧。说自己不高兴，那是谎言，那是矫情。由此也可以看出老一辈学者对后辈的提携和爱护。

不记得是在什么时候，寅恪师也来到北京，仍然住在清华园。我立即到清华去拜见。当时从北京城到清华是要费一些周折的，宛如一次短途旅行。沿途几十里路全是农田。秋天青纱帐起，还真有绿林人士拦路抢劫的。现在的年轻人很难想象了。但是，有寅恪先生在，我绝不会惮于这样的旅行。在三年之内，我颇到清华园去过多次。我知道先生年老体弱，最喜欢当年住北京的天主教外国神父亲手酿造的栅栏红葡萄酒。我曾到今天市委党校所在地当年神父们的静修院的地下室中去买过几次栅栏红葡萄酒，又长途跋涉送到清华园，送到先生手中，心里颇觉安慰。几瓶酒在现在不算什么。但是在当时通货膨胀已经达到了钞票上每天加一个零还跟不上物价飞速提高的速度的情况

286

下，几瓶酒已经非同小可。

有一年的春天，中山公园的藤萝开满了紫色的花朵，累累垂垂，紫气弥漫，招来了众多的游人和蜜蜂。我们一群弟子们，记得有周一良、王永兴、汪篯等，知道先生爱花。现在虽患目疾，迹近失明，但据先生自己说，有些东西还能影影绰绰看到一团影子。大片藤萝花的紫光，先生或还能看到。而且在那种兵荒马乱、物价飞涨、人命微浅、朝不虑夕的情况下，我们想请先生散一散心，征询先生的意见，他怡然应允。我们真是大喜过望，在来今雨轩藤萝深处，找到一个茶桌，侍先生观赏紫藤。先生显然兴致极高。我们谈笑风生，尽欢而散。我想，这也许是先生在那样的年头里最愉快的时刻。

还有一件事，也给我留下了毕生难忘的回忆。在解放前夕，政府经济实已完全崩溃。从法币改为银圆券，又从银圆券改为金圆券，越改越乱，到了后来，到粮店买几斤粮食，携带的这币那券的重量有时要超过粮食本身。学术界的泰斗、德高望重、被著名的史学家郑天挺先生称之为"教授的教授"的陈寅恪先生也不能例外。到了冬天，他连买煤取暖的钱都没有，我把这情况告诉了已经回国的北大校长胡适之先生。胡先生最尊重最爱护确有成就的知识分子。当年他介绍王静庵先生到清华国学研究院去任教，一时传为佳话。寅恪先生在《王观堂先生挽词》中有几句诗："鲁连黄鹞绩溪胡，独为神州惜大儒。学院遂闻传绝业，园林差喜适幽居。"讲的就是这一件事。现在却轮到适之先生再一次"独为神州惜大儒"了，而这个"大儒"不是别人，竟是寅恪先生本人。适之先生想赠寅恪先生一笔数目颇大的美元。但是，寅恪先生却拒不接受。最后寅恪先生决定用卖掉藏书的办法来取得适之先生的美元。于是适之先生就派他自己的汽车——顺便说一句，当时北京汽车极为罕见，北大只有校长的一辆——让我到清华陈先生家装了一车西文关于佛教和中亚古代语言的极为珍贵的书。陈先生只收两千美元。这个数目在当时虽不算少，然而同书比起来，还是微不足道的。在这一批书中，仅一部《圣彼得堡梵德大词典》市价就远远超过这个数目了。这一批书实际上带有捐赠的性质。而寅恪师对于金钱的一芥不取的狷介性格，由此也可见一斑了。

在这三年内，我同寅恪师往来颇频繁。我写了一篇论文：《浮屠与佛》，首先读给他听，想听听他的批评意见。不意竟得到他的赞赏。他把此文介绍给《中央研究院史语所集刊》发表。这个刊物在当时是最具权威性的刊物，简直有点"一登龙门，声价十倍"的威风。我自然感到受宠若惊。差幸我的结论并没有瞎说八道，几十年以后，我又写了一篇《再谈"浮屠"与"佛"》，用大量的新材料，重申前说，颇得到学界同行们的赞许。

在我同先生来往的几年中，我们当然会谈到很多话题。谈治学时最多，政治也并非不谈，但极少。寅恪先生绝不是一个"闭门只读圣贤书"的书呆子。他继承了中国"士"的优良传统：天下兴亡，匹夫有责。从他的著作中也可以看出，他非常关心政治。他研究隋唐史，表面上似乎是满篇考证，骨子里谈的都是成败兴衰的政治问题，可惜难得解人。我们谈到当代学术，他当然会对每一个学者都有自己的看法。但是，除了对一位明史专家外，他没有对任何人说过贬低的话。对青年学人，只谈优点，一片爱护青年学者的热忱，真令人肃然起敬。就连那一位由于误会而对他专门攻击，甚至说些难听的话的学者，陈师也从来没有说过半句褒贬的话。先生的盛德由此可见。鲁迅先生从来不攻击年轻人，差堪媲美。

时光如电，人世沧桑，转眼就到了1948年年底。解放军把北京城团团包围住。胡适校长从南京派来了专机，想接几个教授到南京去，有一个名单。名单上有名的人，大多数都没有走，陈寅恪先生走了。这又成了某一些人探讨研究的题目：陈先生是否对共产党有看法？他是否对国民党留恋？根据后来出版的浦江清先生的日记，寅恪先生并不反对共产主义，他反对的仅是苏联牌的共产主义。在当时，这也许是一个怪想法，甚至是一个大逆不道的想法。然而到了今天，真相已大白于天下，难道不应该对先生的睿智表示敬佩吗？至于他对国民党的态度，最明显地表现在他对蒋介石的态度上。1940年，他在《庚辰暮春重庆夜宴归作》这一首诗中写道："食蛤那知天下事，看花愁近最高楼。"吴宓先生对此诗作注说："寅恪赴渝，出席中央研究院会议，寓俞大维妹丈宅。已而蒋公宴请中央研究院到会诸先生。寅恪于座中初次见蒋公，深觉其人不足为，有负厥职，故有此诗第六句。"按即"看花愁近最高楼"这一句。寅恪师对蒋介石，也可以说是对国民党的态度表达得不能再清楚明白了。然而，几年前，一位台湾学者偏偏寻章摘句，说寅恪先生早有意到台湾去。这真是天下一大怪事。

到了南京以后，寅恪先生又辗转到了广州，从此就留在那里没动。他在台湾有很多亲友，动员他去台湾者，恐怕大有人在，然而他却岿然不为所动。其中详细情况，我不得而知。我们国家许多领导人，包括周恩来、陈毅、陶铸、郭沫若等，对陈师礼敬备至。他同陶铸和老革命家兼学者的杜国庠，成了私交极深的朋友。在他晚年的诗中，不能说没有欢快之情，然而更多的却是抑郁之感。现在回想起来，他这种抑郁之感能说没有根据吗？能说不是查实有据吗？我们这一批老知识分子，到了今天，都已成了过来人。如果不昧良心说句真话，同陈师比较起来，只能说我们愚钝，我们麻木，此外还有什么话好说呢？

1951 年，我奉命随中国文化代表团，访问印度和缅甸。在广州停留了相当长的时间，准备将所有的重要发言稿都译为英文。我当然不会放过这个机会的，我到岭南大学寅恪先生家中去拜谒。相见极欢，陈师母也殷勤招待。陈师此时目疾虽日益严重，仍能看到眼前的白色的东西。有关领导，据说就是陈毅和陶铸，命人在先生楼前草地上铺成了一条白色的路，路旁全是绿草，碧绿与雪白相映照，供先生散步之用。从这一件小事中，也可以看到我们国家对陈师尊敬之真诚了。陈师是极富于感情的人，他对此能无所感吗？

然而，世事如白云苍狗，变幻莫测。解放后不久，正当众多的老知识分子兴高采烈、激情未熄的时候，华盖运便临到头上。运动一个接着一个，针对的全是知识分子。批完了《武训传》，批俞平伯，批完了俞平伯，批胡适，一路批、批、批，斗、斗、斗，最后批到了陈寅恪头上。此时，极大规模的、遍及全国的反右斗争还没有开始。老年反思，我在政治上是个蠢材。对这一系列的批和斗，我是心悦诚服的，一点没有感到其中有什么问题。我虽然没有明确地意识到，在我灵魂深处，我真认为中国老知识分子就是"原罪"的化身，批是天经地义的。但是，一旦批到了陈寅恪先生头上，我心里却感到不是味。虽然经人再三动员，我却始终没有参加到这一场闹剧式的大合唱中去。我不愿意厚着面皮，充当事后的诸葛亮，我当时的认识也是十分模糊的。但是，我毕竟没有行动。现在时过境迁，在四十年之后，想到我没有出卖我的良心，差堪自慰，能够对得起老师在天之灵了。

可是，从那以后，直到老师于1969年在空前浩劫中被折磨得离开了人世，将近二十年中，我没能再见到他。现在我的年龄已经超过了他在世的年龄五年，算是寿登耄耋了。现在我时常翻读先生的诗文。每读一次，都觉得有新的收获。我明确意识到，我还未能登他的堂奥。哲人其萎，空余著述。我却是进取有心，请益无人，因此更增加了对他的怀念。我们虽非亲属，我却时有风木之悲。这恐怕也是非常自然的吧。

我已经到了望九之年，虽然看样子离开为自己的生命画句号的时候还会有一段距离，现在还不能就作总结；但是，自己毕竟已经到了日薄西山、人命危浅之际，不想到这一点也是不可能的。我身历几个朝代，忍受过千辛万苦。现在只觉得身后的路漫长无边，眼前的路却是越来越短，已经是很有限了。我并没有倚老卖老，苟且偷安；然而我却明确地意识到，我成了一个"悲剧"人物。我的悲剧不在于我不想"不用扬鞭自奋蹄"，不想"老骥伏枥，志在千里"，而是在"老骥伏枥，志在万里"。自己现在承担的或者被迫承担的工作，头绪繁多，五花八门，纷纭复杂，有时还矛盾重重，早已远远超过了自己的负荷量，超过了自己的年龄。这里面，有外在原因，但主要是内在原因。清夜扪心自问：自己患了老来疯了吗？你眼前还有一百年的寿命吗？可是，一到了白天，一接触实际，件件事情都想推掉，但是件件事情都推不掉，真仿佛京剧中的一句话："马行在夹道内，难以回马。"此中滋味，只有自己一人能了解，实不足为外人道也。

在这样的情况下，我有时会情不自禁地回想自己的一生。自己究竟应该怎样来评价自己的一生呢？我虽遭逢过大大小小的灾难，像"十年浩劫"那样中国人民空前的愚蠢到野蛮到令人无法理解的灾难，我也不幸——也可以说是有"幸"——身逢其盛，几乎把一条老命搭上；然而我仍然觉得自己是幸运的，自己赶上了许多意外的机遇。我只举一个小例子。自从盘古开天地，不知从哪里吹来了一股神风，吹出了知识分子这个特殊的族类。知识分子有很多特点。在经济和物质方面是一个"穷"字，自古已然，于今为烈。在精神方面，是考试多如牛毛。在这里也是自古已然，于今为烈。例子俯拾即是，不必多论。我自己考了一辈子，自小学、中学、大学，一直到留学，月有月考，季有季考，还有什么全国统考，考得一塌糊涂。可是我自己在上百场国内外的考试中，从来没有名落孙山。你能说这不是机遇好吗？

但是，俗话说："一个篱笆三个桩，一个好汉三个帮。"如果没有人帮助，一个人会是一事无成的。在这方面，我也遇到了极幸运的机遇。生平帮过我的人无虑数百。要我举出人名的话，我首先要举出的，在国外有两个人，一个是我的博士论文导师瓦尔德施米特教授，另一个是教吐火罗语的老师西克教授。在国内的有四个人：一个是冯友兰先生，如果没有他同德国签订德国清华交换研究生的话，我根本到不了德国。一个是胡适之先生，一个是汤用彤先生，如果没有他们的提携的话，我根本来不到北大。最后但不是最少，是陈寅恪先生。如果没有他的影响的话，我不会走上现在走的这一条治学的道路，也同样是来不了北大。至于他为什么不把我介绍给我的母校清华，而介绍给北大，我从来没有问过他，至今恐怕永远也是一个谜，我们不去谈它了。

我不是一个忘恩负义的人。我一向认为，感恩图报是做人的根本准则之一。但是，我对他们四位，以及许许多多帮助过我的师友怎样"报"呢？专就寅恪师而论，我只有努力学习他的著作，努力宣扬他的学术成就，努力帮助出版社把他的全集出全、出好。我深深地感激广州中山大学的校领导和历史系的领导，他们再三举办寅恪先生学术研讨会，包括国外学者在内，群贤毕至。中大还特别创办了陈寅恪纪念馆。所有这一切，我这个寅恪师的弟子都看在眼中，感在心中，感到很大的慰藉。

国内外研究陈寅恪先生的学者日益增多，先生的道德文章必将日益发扬光大，这是毫无问题的。这是我在垂暮之年所能得到的最大的愉快。

然而，我仍然有我个人的思想问题和感情问题。我现在是"后已见来者"，然而却是"前不见古人"，再也不会见到寅恪先生了。我心中感到无限的空漠，这个空漠是无论如何也填充不起来了。掷笔长叹，不禁老泪纵横矣。

1995 年 12 月 1 日

# 回忆汤用彤先生

自己已经到了望九之年。过去八十多年的忆念，如云如烟，浩渺一片。但在茫茫的烟雾中，却有几处闪光之点，宛如夏夜的晴空，群星上千上万，其中有大星数颗，熠熠闪光，明亮璀璨。无论什么时候回想起来，都晶莹如在眼前。

我对于汤用彤先生的回忆就是最闪光之点。

但是，有人会提出疑问了："你写了那么多对师友的回忆文章，为什么单单对于你回忆中最亮之点的汤锡予（先生的号）先生却没有写全面的回忆文章呢？"这问得正确，问得有理。但是，我却有自己的至今还没有说出来过的说法。试想：锡予先生是在哪一年逝世的？是在1964年。一想到这个年份，事情就很清楚了。在那时候，阶级斗争已经快发展到年年讲、月月讲、日日讲的程度。所谓"无产阶级文化大革命"虽然还没有爆发，但是对政治稍有敏感的人，都会已经感到"山雨欲来风满楼"

的高压气氛。锡予先生和我都属于后来在"十年浩劫"中出现的"资产阶级（反动）学术权威"这一号的人物，我若一写悼念文章，必然会流露出我的真情来。如果我还有什么优点的话，那就是，没有真感情，我不写回忆文章。但是，在那个时代，真感情都会被归入"小资产阶级"的范畴，而一旦成了"小资产阶级"，则距离"修正主义"只差毫厘了。我没有这个胆量，所以就把对锡予先生怀念感激之情，深深地埋在我的心灵深处。到了今天，环境气氛已经大大地改变了，能够把真情实感从心中移到纸上来了。

因为不在一个学校，我没有能成为锡予先生的授业弟子。但是，他的文章我是读过的，他的道德我是听说过的。"高山仰止，景行行止"，他早已是我崇拜的对象。我也崇拜一些别的大师，读其书未见其人者屡见不鲜。但我却独独对锡予先生常有幻象；我想象他是一个瘦削慈祥的老人，有五绺白须，飘拂胸前。对于别的大师，没见过面的大师，我从来没有过这样的幻象，此理我至今不解。但是，我相信，其中必有原因，一种深奥难言的原因。既然"难言"，现在就先不"言"吧。

1945年，我在德国待了整整十年之后，二战结束，时来入梦的祖国母亲在召唤我了。我必须回国。回国后，必须找一个职业，用当时的话来说，就是"抢一只饭碗"。古人云："民以食为天"，没有饭碗，怎么能过日子呢？于是我就写信给我的恩师、正在英国治疗目疾的陈寅恪先生，向他报告我十年来学习的过程。我的师祖吕德斯（Heinrich Lüders）正是他的老师，而我的德国恩师瓦尔德施密特（Ernst Waldschmidt）正是他的同学。因此，我一讲学习情况，他大概立即了然。不久我就收到他的一封长信，信中除了一些奖掖鼓励的话以外，他说，他想介绍我到北京大学任教。这实在是望外之喜。北大这个全国最高学府，与我本有一段因缘，1930年我曾考取北大，因梦想出国，弃北大而就清华。现在我的出国梦已经实现了，阴阳往复，往往非人力所能定，我终究又要回到北大来了。我简直狂喜不能自已，立即回信应允。这就是我来北大的最初因缘。

1945年10月，我离开住了十年的"客树回望成故乡"的哥廷根，挥泪辞别了像老母一般的女房东，到了瑞士，在这山清水绿的世界公园中住了将近半年，然后经法国马赛、越南西贡、英国占领的香港，回到了祖国的上海。路上用了将近四个月。时二战中遗留在大洋里的水雷尚未打捞，时时有触雷的危险。载着上千法国兵的英国巨轮的船长，随时都如临深履薄，战战兢兢，终于靠他们那一位上帝的保佑，度过了险境，安然抵达西贡。从西贡至香港，海上又遇到飓风，一昼夜，小轮未能前进一寸。这个险境也终于度过了。离开祖国将近十一年的儿子又回到母亲怀抱里来了，临登岸时，我思绪万端，悲喜交集，此情实不足为外人道也。

初到上海，人地生疏，我仿佛变成了瑞普·凡·温克（Rip van Winkel），满目茫然。幸而臧克家正住在那里，我在他家的榻榻米上睡了十几天。又转到南京，仍然是无家可归，在李长之的办公桌上睡了一个夏天。当时寅恪师已经从英国回国，我曾到他借住的俞大维的官邸中去谒见他。师生别离已经十多年了。各自谈了别后的情况，都有九死一生之感。杜甫诗说"今夕复何夕？共此灯烛光"，不啻为我当时的心情写照也。寅恪师命我持在德国发表的论文，到鸡鸣寺下中央研究院历史语言研究所去见当时北大代理校长傅斯年先生，时校长胡适尚留美未返。傅告诉我，按照北大的规定，在国外拿了学位回国的人，只能给予副教授的职称。我对此并不在意，能入北大，已如登龙门了，焉敢还有什么痴心妄想？如果真有的话，那不就成了不知天高地厚了吗？

在南京做了一个夏天的"流动人口"。虽然饱赏了台城古柳的清碧，玄武湖旖旎的风光，却也患上了在南京享有盛名的疟疾，颇受了点苦头。在那年的秋天，我从上海乘海轮到了秦皇岛，又从秦皇岛乘火车到了北平。锡予先生让阴法鲁先生到车站去迎接我们。时届深秋，白露已降。"凄清弥天地，落叶满长安"（长安街也），我心中说不出是什么滋味，凄凉中有欣慰，悲愁中有兴奋，既忆以往，又盼来者，茫然惘然，住进了几乎是空无一人的红楼。

第二天，少曾（阴法鲁号）陪我到设在北楼的文学院院长办公室去谒见锡予先生，他是文学院长。这是我景慕多年以后第一次见到先生。把眼前的锡予先生同我心中幻想的锡予先生一对比，当然是不相同的，然而我却更爱眼前的锡予先生。他面容端严慈祥，不苟言笑，却是即之也温，观之也诚，真蔼然仁者也。先生虽留美多年，学贯中西，可是身着灰布长衫，脚踏圆口布鞋，望之似老农老圃，没有半点"洋气"，没有丝毫教授架子和大师威风。我心中不由自主地油然生幸福之感，浑身感到一阵温暖。晚上，先生设家宴为我接风，师母也是慈祥有加，更增加了我的幸福之感。当时一介和一玄都还年小，恐怕已经记不得那天的情景了。我从这一天起就成了北大的副教授，开始了我下半生的新生活，心中陶陶然也。

我可绝没有想到，过了一个来星期，至多不过十天，锡予先生忽然告诉我：我已经被聘为北京大学正教授兼新成立的东方语言文学系系主任，并且还兼任文科研究所的导师。前两者我已经不敢当，后一者人数极少，皆为饱学宿儒，我一个三十多岁的名不见经传的毛头小伙子，竟也滥竽其间，我既感光荣，又感惶恐不安。这是谁的力量呢？我心里最清楚：背后有一个人在，这都出于锡予先生的垂青与提携，说既感且愧，实不足以表达我的心情。我做副教授任期之短，恐怕是前无古人的，这无疑是北大的新纪录，后来也恐怕没有人打破的。我只能说，这是一种恩情，它对我从那以后一直到今五十多年在北大的工作中，起了而且还在起着激励的作用。

但是，我心中总还有一点遗憾之处：我没有能成为锡予先生的授业弟子。往者已矣，来者可追。大概是1947年，锡予先生开"魏晋玄学"这一门课，课堂就在我办公室的楼上。这真是天赐良机，我焉能放过！解放前的教授，相对来讲社会地位高，工资收入丰，存在决定意识，这样就"决定"出来了"教授架子"。架子人人皆有，各有巧妙不同，没有架子的也得学着端起一副拒人的架子。我自认是一个上不得台盘的人，有没有架子，我自己不得而知。但是，在锡予先生跟前，宛如小丘之仰望泰岳，架子何从端起！而且听先生讲课，正是我求之不得的。在当时，一位教授听另外一位教授讲课，简直是骇人听闻的事。这些事情我都不想，毅然征得了锡予先生的同意，成了他班上的最忠诚的学生之一，一整年没有缺过一次课，而且每堂课都工整地做听课的笔记，巨细不遗。这一大本笔记，我至今尚保存着，只是"只在此室中，书深不知处"了，有朝一日总会重见天日的。这样一来，我就自认为是锡予先生的私淑弟子，了了一个夙愿。

锡予先生对我的关心是多方面的，他让我从红楼搬到文科研究所的大院子里去住，此地在明朝是令人闻而戁觫的特务机关东厂，是专杀好人折磨好人的地狱，据说当年的水牢还有遗迹保留着。"庭院深深深几许"，我住在最里面一个院子里，里面堆满考古挖掘出土的汉代砖棺，阴气森森，传说是闹鬼的凶宅之一。晚上没有人敢来找我，除非他在门房打听得万分清楚：季羡林确是在家里，才敢迈步走进。我也并非"季大胆"，只是在欧洲十年多，受了"西化"，成了一个"无鬼论"者，所以能处之泰然。夏夜昏黑，我经常在缕缕的马樱花香中，怡然入梦。

当时的北大真正是精兵简政。只有一个校长胡适之先生，还经常不在学校，并没有什么副校长。一个教务长主管全校的教学科研工作。一个秘书长主管全校的后勤工作。六个学院：文、理、法、农、工、医，各设院长一人。也没有听说有什么校院长联席会，什么系主任联席会。专就文学院而论，锡予先生孤身一人，聘人、升职等现在非开上无数次会不可解决的问题，那时一次会也不开，锡予先生一个人说了算。大概因为他为人正直，办事公道，从来没有出过什么娄子。我们系里遇到麻烦，我总去找锡予先生，他不动声色，帮我解除了困难。他还帮我在学校图书馆中要了一间教授研究室，所有我要用的书都从书库中提到我的研究室里，又派一位研究生马理女士当我的助手，帮我整理书籍。室内窗明几净，我心旷神怡。我之所以能写出几篇颇有点新见解的文章，不能不说是出于锡予先生之赐。我的文章写出后，首先送给锡予先生，请求指正。他的意见，哪怕是片言只语，对我总都是大有帮助的。

就这样，我们共同迎来了 1949 年北京的解放。在解放军围城期间，南京方面派一架专机，来接几位名单上有名的著名教授到尚未解放的南京去。锡予先生单上有名，但他却坚决不走，他期望看到新中国。有一段时间，锡予先生被任命为北大校务委员会主席，算是一个"过渡政权"。总之，北大师生共同度过了许多初解放后兴奋狂欢的令人难忘的日子。

1952 年，我们北大从城里搬到了现在的燕园中来。政府早已任命马寅初先生为北大校长，只有两个副校长，其中一个是党委书记江隆基兼任，实际上主管教学和科研的就是锡予先生一人。马老德高望重，但实际上不大真管事情。江隆基是一个正直正派有理智有良心的老革命家。据我们局外人看，校领导是团结的。当时的北大，同全国各大学和科研机构一样，几乎是天天搞"运动"。然而北大这样一所全国重点大学，一只无形的带头羊，却并没有出什么娄子，这与校领导的团结和江隆基同志的睿智正直是分不开的。

还是讲一讲我自己的情况吧。出城以后，我"官"运亨通，财源大发。先是在城里时工资被评为每月1100斤小米，解放前夕那种物价一小时一涨，火箭似的上升的可怕日子一去不复返了。后来按级别评定工资，我依稀记得：马老（马寅初）是三级，等于政府的副总理。以下是汤老（汤用彤）、翦老（翦伯赞）、曹老（曹靖华）等，具体级别记不清了。再以下就是我同其他几位老牌和名牌的教授。到了1956年，又有一次全国评定教授工资的活动，根据我的回忆，这次活动用的时间较长，工作十分细致，深入谨慎。人事处的一位领导同志，曾几次征求我的意见：中文系教授吴组缃是全国著名的小说家，《红楼梦》研究专家，中国作家协会书记处书记，我的老同学和老朋友，他问我吴能否评为一级教授，我当然觉得很够格。然而最后权衡下来，仍然定为二级，可见此事之难。据我所知，有的省份，全省只有一个一级教授，有的竟连一个也没有，真是一级之难"难于上青天"了。

然而，藐予小子竟然被评为一级，这实在令我诚惶诚恐。后来听说，常在一个餐厅里吃饭的几位教授，出于善意的又介乎可理解与不可理解之间的心理，背后赐给我了一个诨名，曰"一级"。只要我一走进食堂，有人就窃窃私语，会心而笑："一级来了！"我不怪这些同事，同他们比起来，无论是年龄或学术造诣，我都逊一筹，起个把诨名是应该的。这是由于我的运气好吗？也许是的；但是我知道，背后有一个人在，这个人不是别人，正是锡予先生。

俗话说："福不双至"。可是1956年，我竟是"福真双至"。"一级"之外，我又被评选为中国科学院哲学社会科学学部委员。这是中国一个读书人至高无上的称号，从人数之少来说，比起封建时期的"金榜题名"来，还要难得多。除了名以外，还有颇为丰厚的津贴，真可谓"名利双收"。至于是否又有人给我再起什么诨号，我不得而知，就是有的话，我也会一笑置之。

总之，在我刚过不惑之年没有几年的时候，我还只能算是一个老青年，一个中国读书人所能期望的最高的荣誉和利益，就都已稳稳地拿到手中。我是一个颇有点自知之明的人，我知道，我之所以能够做到这一步，与锡予先生不声不响的提携是分不开的。说到我自己的努力，不能说一点都没有，但那是次要的事。至于机遇，也不能说一点没有，但那更是次要之次要，微不足道了。

从1956年起直到1964年锡予先生逝世，不知道经过了多少次运动，到了1966年"十年浩劫"开始而登峰造极。在这些运动中，在历次的提职提级的活动中，我的表现都还算过得去。我真好像是淡泊名利，与人无争，至今还在燕园内外有颇令人满意的口碑。难道我真就这样好吗？我的道德真就这样高吗？不，不是的。我虽然不敢把自己归入坏人之列，因为除了替自己考虑外，我还能考虑别人。我绝对反对曹操的哲学："宁教我负天下人，休教天下人负我。"但我也绝非圣贤，七情六欲，样样都有；私心杂念，一应俱全。可是，既然在名利两个方面，我早已达到了顶峰，我还有什么可争的呢？难道我真想去"九天揽月，五洋捉鳖"吗？我之所以能够获得少许美名，其势然也。如果说我是"浪得名"，也是并不冤枉的。话又说了回来，如果没有锡予先生，我能得到这一点点美名吗？

所以，我现在只能这样说，我之所以崇敬锡予先生，忆念锡予先生，除了那一些冠冕堂皇的表面理由以外，还有我内心深处从来没有对别人说起过的动机。古人说："人生得一知己足矣。"我不敢谬托自己是锡予先生的知己，我只能说锡予先生是我的知己。我生平要感谢的师辈和友辈，颇有几位，尽管我对我这一生并不完全满意，但是有了这样的师友，我可以说是不虚此生了。

我自己现在已经是垂暮之年，活得早早超过了我的期望。因为我的父母都只活了四十多岁，因此，我的最高期望是活到五十岁。可是，到了今天，超过这个最高期望已经快到四十年了。我虽老迈，但还没有昏聩。曹孟德说："老骥伏枥，志在千里。"我窃不自量力，大有"老骥伏枥，志在万里"之势。在学术研究方面，我还有不少的计划。这些计划是否切合实际，可另作别论，可我确实没有攀登八宝山的计划，这一点是完全可以肯定的。

但愿我回忆中那一点最亮的光点，能够照亮我前进的道路。

1997 年 5 月 28 日

# 站在胡适之先生墓前

我现在站在胡适之先生墓前。他虽已长眠地下，但是他那典型的"我的朋友"式的笑容，仍宛然在目。可我最后一次见到这个笑容，却已是五十年前的事了。

1948年12月中旬，是北京大学建校五十周年的纪念日。此时，解放军已经包围了北平城，然而城内人心并不惶惶。北大同仁和学生也并不惶惶；而且，不但不惶惶，在人们的内心中，有的非常殷切，有的还有点狐疑，都在期望着迎接解放军。适逢北大校庆大喜的日子，许多教授都满面春风，聚集在沙滩子民堂中，举行庆典。记得作为校长的适之先生，作了简短的讲话，满面含笑，只有喜庆的内容，没有愁苦的调子。正在这个时候，城外忽然响起了隆隆的炮声。大家相互开玩笑说："解放军给北大放礼炮哩！"简短的仪式完毕后，适之先生就辞别了大家，登上飞机，飞往南京去了。我忽然想到了李后主的几句词："最

305

是仓皇辞庙日，教坊犹唱别离歌，垂泪对宫娥。"我想改写一下，描绘当时适之先生的情景："最是仓皇辞校日，城外礼炮声隆隆，含笑辞友朋。"我哪里知道，我们这一次会面竟是最后一次。如果我当时意识到这一点的话，这是含笑不起来的。

从此以后，我同适之先生便天各一方，分道扬镳，"世事两茫茫"了。听说，他离开北平后，曾从南京派来一架专机，点名接走几位老朋友，他亲自在南京机场恭候。飞机返回以后，机舱门开，他满怀希望地同老友会面。然而，除了一两位以外，所有他想接的人都没有走出机舱。据说——只是据说，他当时大哭一场，心中的滋味恐怕真是不足为外人道也。

适之先生在南京也没有能待多久，"百万雄师过大江"以后，他也逃往台湾。后来又到美国去住了几年，并不得志，往日的辉煌犹如春梦一场，它不复存在。后来又回到台湾，最初也不为当局所礼重。往日总统候选人的迷梦，也只留下了一个话柄，日子过得并不顺心。后来，不知怎样一来，他被选为中央研究院的院长，算是得到了应有的礼遇，过了几年舒适称心的日子。适之先生毕竟是一书生，一直迷恋于《水经注》的研究，如醉如痴，此时又得以从容继续下去。他的晚年可以说是差强人意的。可惜仁者不寿，猝死于宴席之间。死后哀荣备至。中央研究院为他建立了纪念馆，包括他生前的居室在内，并建立了胡适陵园，遗骨埋葬在院内的陵园。今天我们参拜的，就是这个规模宏伟、极为壮观的陵园。

我现在站在适之先生墓前，鞠躬之后，悲从中来，心内思潮汹涌，如惊涛骇浪，眼泪自然流出。杜甫有诗："焉知二十载，重上君子堂。"我现在是"焉知五十载，躬亲扫陵墓。"此时，我的心情也是不足为外人道也。

我自己已经到望九之年，距离适之先生所待的黄泉或者天堂乐园，只差几步之遥了。回忆自己八十多年的坎坷又顺利的一生，真如一部"二十四史"，不知从何处说起了。

积八十年之经验，我认为，一个人生在世间，如果想有所成就，必须具备三个条件：才能、勤奋、机遇。行行皆然，人人皆然，概莫能外。别的人先不说了，只谈我自己。关于才能一项，再自谦也不能说自己是白痴。但是，自己并不是什么天才，这一点自知之明，我还是有的。谈到勤奋，我自认还能差强人意，用不着有什么愧怍之感。但是，我把重点放在第三项上：机遇。如果我一生还能算得上有些微成就的话，主要是靠机遇。机遇的内涵是十分复杂的，我只谈其中恩师一项。韩愈说："古之学者必有师。师者所以传道、授业、解惑也。"根据老师这三项任务，老师对学生都是有恩的。然而，在我所知道的世界语言中，只有汉文把"恩"与"师"紧密地嵌在一起，成为一个不可分割的名词。这只能解释为中国人最懂得报师恩，为其他民族所望尘莫及的。

我在学术研究方面的机遇，就是我一生碰到了六位对我有教导之恩或者知遇之恩的恩师，我不一定都听过他们的课，但是，只读他们的书也是一种教导。我在清华大学读书时，读过陈寅恪先生所有的已经发表的著作，旁听过他的"佛经翻译文学"，从而种下了研究梵文和巴利文的种子。在当了或滥竽了一年国文教员之后，由于一个天上掉下来的机遇，我到了德国哥廷根大学。正在我入学后的第二个学期，瓦尔德施米特先生调到哥廷根大学任印度学的讲座教授。当我在教务处前看到他开基础梵文的通告时，我喜极欲狂。"踏破铁鞋无觅处，得来全不费工夫。"难道这不是天赐的机遇吗？最初两个学期，选修梵文的只有我一个外国学生。然而教授仍然照教不误，而且备课充分，讲解细致，威仪俨然，一丝不苟。几乎是我一个学生垄断课堂，受益之大，自可想见。二战爆发，瓦尔德施米特先生被征从军。已经退休的原印度讲座教授西克，虽已年逾八旬，毅然又走上讲台，教的依然是我一个中国学生。西克先生不久就告诉我，他要把自己平生的绝招全传授给我，包括《梨俱吠陀》《大疏》《十王子传》，还有他费了二十年的时间才解读了的吐火罗文，在吐火罗文研究领域中，他是世界最高权威。我并非天才，六七种外语早已塞满了我那渺小的脑袋瓜，我并不想再塞进吐火罗文。然而像我的祖父一般的西克先生，告诉我的是他的决定，一点征求意见的意思都没有。我唯一能走的道路就是：敬谨遵命。现在回忆起来，冬天大雪之后，在研究所上过课，天已近黄昏，积雪白皑皑地拥满十里长街。雪厚路滑，天空阴暗，地闪雪光，路上阒静无人，我搀扶着老爷子，一步高，一步低，送他到家。我没有见过自己的祖父，现在我真觉得，我身边的老人就是我的祖父。他为了学术，不惜衰朽残年，不顾自己的健康，想把衣钵传给我这个异国青年。此时我心中思绪翻腾，感激与温暖并在，担心与爱怜奔涌。我真不知道是置身何地了。二战期间，我被困德国，一待就是十年。

二战结束后，听说寅恪先生正在英国就医，我连忙给他写了一封致敬信，并附上发表在哥廷根科学院集刊上用德文写成的论文，向他汇报我十年学习的成绩。很快就收到了他的回信，问我愿不愿意到北大去任教。北大为全国最高学府，名扬全球；但是，门槛一向极高，等闲难得进入。现在竟有一个天赐的机遇落到我头上来，我焉有不愿意之理！我立即回信同意。寅恪先生把我推荐给了当时北大校长胡适之先生、代理校长傅斯年先生、文学院长汤用彤先生。寅恪先生在学术界有极高的声望，一言九鼎。北大三位领导立即接受。于是我这个三十多岁的毛头小伙子，在国内学术界尚无藉藉名，公然堂而皇之地走进了北大的大门。唐代中了进士，就"春风得意马蹄疾，一日看遍长安花"。我虽然没有一日看遍北平花，但是，身为北大正教授兼东方语言文学系主任，心中有点扬扬自得之感，不也是人之常情吗？

在此后的三年内，我在适之先生和锡予（汤用彤）先生领导下学习和工作，度过了一段毕生难忘的岁月。我同适之先生，虽然学术辈分不同，社会地位悬殊，想来接触是不会太多的。但是，实际上却不然，我们见面的机会非常多。他那一间在子民堂前东屋里的狭窄简陋的校长办公室，我几乎是常客。作为系主任，我要向校长请示汇报工作，他主编报纸上的一个学术副刊，我又是撰稿者，所以免不了也常谈学术问题，最难能可

309

贵的是他待人亲切和蔼，见什么人都是笑容满面，对教授是这样，对职员是这样，对学生是这样，对工友也是这样。从来没见他摆当时颇为流行的名人架子、教授架子。此外，在教授会上，在北大文科研究所的导师会上，在北京图书馆的评议会上，我们也时常有见面的机会。我作为一个年轻的后辈，在他面前，绝没有什么局促之感，经常如坐春风中。

适之先生是非常懂得幽默的，他绝不老气横秋，而是活泼有趣。有一件小事，我至今难忘。有一次召开教授会，杨振声先生新收得了一幅名贵的古画，为了想让大家共同欣赏，他把画带到了会上，打开铺在一张极大的桌子上，大家都啧啧称赞。这时适之先生忽然站了起来，走到桌前，把画卷了起来，做纳入袖中状，引得满堂大笑，喜气洋洋。

这时候，印度总理尼赫鲁派印度著名学者师觉月博士来北大任访问教授，还派来了十几位印度男女学生来北大留学，这也算是中印两国间的一件大事。适之先生委托我照管印度老少学者。他多次会见他们，并设宴为他们接风。师觉月做第一次演讲时，适之先生亲自出席，并用英文致欢迎词，讲中印历史上的友好关系，介绍师觉月的学术成就，可见他对此事之重视。

适之先生在美国留学时，忙于对西方，特别是对美国哲学与文化的学习，忙于钻研中国古代先秦的典籍，对印度文化以及佛教还没有进行过系统深入的研究。据说后来由于想写完《中国哲学史》，为了弥补自己的不足，开始认真研究中国佛教禅宗以及中印文化关系。我自己在德国留学时，忙于同梵文、巴利文、吐火罗文以及佛典拼命，没有余裕来从事中印文化关系史的研究。回国以后，迫于没有书籍资料，在不得已的情况下，开始注意中印文化交流史的研究。在解放前的三年中，只写过两篇比较像样的学术论文：一篇是《浮屠与佛》，一篇是《列子与佛典》。第一篇讲的问题正是适之先生同陈援庵先生争吵到面红耳赤的问题。我根据吐火罗文解决了这个问题。两老我都不敢得罪，只采取了一个骑墙的态度。我想，适之先生不会不读到这一篇论文的。我只到清华园读给我的老师陈寅恪先生听。蒙他首肯，介绍给地位极高的《中央研究院史语所集刊》发表。第二篇文章，写成后我拿给了适之先生看，第二天他就给我写了一封信，信中说："《生经》一证，确凿之至！"可见他是连夜看完的。他承认了我的结论，对我无疑是一个极大的鼓舞。这一次，我来到台湾，前几天，在大会上听到李亦园先生的讲话，中间他讲到，适之先生晚年……经常同年轻的研究人员坐在一起聊天。有一次，他说，做学问应该像北京大学的季羡林那样。我乍听之下，百感交集。适之先生这样说一定同上面两篇文章有关，也可能同我们分手后十几年中我写的一些文章有关。这说明，适之先生一直到晚年还关注着我的学术研究。知己之感，油然而生。在这样的情况下，我还可能有其他任何的感想吗？

在政治方面，众所周知，适之先生是不赞成共产主义的。但是，我们不应忘记，他同样也反对三民主义。我认为，在他的心目中，世界上最好的政治就是美国政治，世界上最民主的国家就是美国。这同他的个人经历和哲学信念有关。他们实验主义者不主张什么"终极真理"，而世界上所有的"主义"都与"终极真理"相似，因此他反对。他同共产党并没有任何深仇大恨。他自己说，他一辈子没有写过批判共产主义的文章，而反对国民党的文章则是写过的。我可以讲两件我亲眼看到的小事。解放前夕，北平学生动不动就示威游行，比如"沈崇事件""反饥饿反迫害"等，背后都有中共地下党在指挥发动，这一点是人所共知的，适之先生焉能不知！但是，每次北平国民党的宪兵和警察逮捕了学生，他都乘坐他那辆当时北平还极少见的汽车，奔走于各大衙门之间，逼迫国民党当局非释放学生不行。他还亲笔给南京驻北平的要人写信，为了同样的目的。据说这些信至今犹存。我个人觉得，这已经不能算是小事了。另外一件事是，有一天我到校长办公室去见适之先生。一个学生走进来对他说：昨夜延安广播电台曾对他专线广播，希望他不要走，北平解放后，将任命他为北大校长兼北京图书馆的馆长。他听了以后，含笑对那个学生说："人家信任我吗？"谈话到此为止。这个学生的身份他不能不明白，但他不但没有拍案而起，怒发冲冠，态度依然亲切和蔼。小中见大，这些小事都是能够发人深思的。

适之先生以青年暴得大名，誉满士林。我觉得，他一生处在一个矛盾中，一个怪圈中：一方面是学术研究，一方面是政治活动和社会活动。他一生忙忙碌碌，倥偬奔波，作为一个"过河卒子"，勇往直前。我不知道，他自己是否意识到身陷怪圈。当局者迷，旁观者清，我认为，这个怪圈确实存在，而且十分严重。那么，我对这个问题有什么看法呢？我觉得，不管适之先生自己如何定位，他一生毕竟是一个书生，说不好听一点，就是一个书呆子。我也举一件小事。有一次，在北京图书馆开评议会，会议开始时，适之先生匆匆赶到，首先声明，还有一个重要会议，他要早退席，会议开着开着就走了题，有人忽然谈到《水经注》。一听到《水经注》，适之先生立即精神抖擞，眉飞色舞，口若悬河。一直到散会，他也没有退席，而且兴致极高，大有挑灯夜战之势。从这样一个小例子中不也可以小中见大吗？

我在上面谈到了适之先生的许多德行，现在笼统称之为"优点"。我认为，其中最令我钦佩，最使我感动的却是他毕生奖掖后进。"平生不解掩人善，到处逢人说项斯。"他正是这样一个人。这样的例子是举不胜举的。中国是一个很奇怪的国家，一方面有我上面讲到的只此一家的"恩师"；另一方面却又有老虎拜猫为师学艺，猫留下了爬树一招没教给老虎，幸免为徒弟吃掉的民间故事。二者显然是有点矛盾的。适之先生对青年人一向鼓励提挈。20世纪40年代，他在美国哈佛大学遇到当时还是青年的学者周一良和杨联升等，对他们的天才和成就大为赞赏。后来周一良回到中国，倾向进步，参加革命，其结果是众所周知的。杨联升留在美国，在二三十年的长时间内，同适之先生通信论学，互相唱和，在学术成就上也是硕果累累，名扬海外。周的天才与功力，只能说是高于杨，虽然在学术上也有所表现，但是，格于形势，不免令人有未尽其才之感。看了二人的遭遇，难道我们能无动于衷吗？

我同适之先生在子民堂庆祝会上分别，从此云天渺茫，天各一方，再没有能见面，也没有能互通音信。我现在谈一谈我的情况和大陆方面的情况。我同绝大多数的中老年知识分子和教师一样，怀着绝对虔诚的心情，向往光明，向往进步。觉得自己真正站起来了，大有飘飘然羽化而登仙之感，有点忘乎所以了。我从一个最初喊什么人万岁都有点忸怩的低级水平，一踏上"革命"之路，便步步登高，飞驰前进；再加上天纵睿智，虔诚无垠，全心全意，投入造神运动中。常言道："众人拾柴火焰高。"大家群策群力，造出了神，又自己膜拜，完全自觉自愿，绝无半点勉强。对自己则认真进行思想改造。原来以为自己这个知识分子，虽有缺点，并无罪恶；但是，经不住社会上根红苗壮阶层的人士天天时时在你耳边聒噪："你们知识分子身躯脏，思想臭！"西方人说："谎言说上一千遍就成为真理。"此话就应在我们身上，积久而成为一种"原罪"感，怎样改造也没有用，只有心甘情愿地居于"老九"的地位，改造，改造，再改造，直改造得懵懵懂懂，"两涘渚崖之间，不辩牛马"。然而涅难望，苦海无边，而自己却仍然是膜拜不息。通过无数次的运动一直到"十年浩劫"自己被关进牛棚被打得一佛出世二佛升天，皮开肉绽，仍然不停地膜拜，其精诚之心真可以惊天地泣鬼神了。改革开放以后，自己脑袋里才裂开了一点缝，"觉今是而昨非"，然而自己已快到耄耋之年，垂垂老矣，离开鲁迅在《过客》一文讲到的长满了百合花的地方不太远了。

　　至于适之先生，他离开北大后的情况，我在上面已稍有所涉及。总起来说，我是不十分清楚的，也是我无法清楚的。到了1954年，从批判俞平伯先生的《红楼梦研究》的资产阶级唯心论起，批判之火终于烧到了适之先生身上。这是一场缺席批判。适之远在重洋之外，坐山观虎斗。即使被斗的是他自己，反正伤不了他一根毫毛，他乐得怡然观战。他的名字仿佛已经成一个稻草人。浑身是箭，一个不折不扣的"箭垛"，大陆上众家豪杰，个个义形于色，争先恐后，万箭齐发，适之先生兀自岿然不动。我幻想，这一定是一个非常难得的景观。在浪费了许多纸张和笔墨、时间和精力之余，终成为"竹篮子打水一场空"，乱哄哄一场闹剧。

适之先生于1962年猝然逝世，享年已经过了古稀，在中国历代学术史上，这已可以算是高龄了，但以今天的标准来衡量，似乎还应该活得更长一点。中国古称"仁者寿"，但适之先生只能说是"仁者不寿"。当时在大陆上"左"风犹狂，一般人大概认为胡适已经是被打倒在地的人，身上被踏上了一千只脚，永世不得翻身了。这样一个人的死去，有何值得大惊小怪！所以报刊杂志上没有一点反应。我自己当然是被蒙在鼓里，毫无所知。十几二十年以后，我脑袋里开始透进点光的时候，我越想越不是滋味，曾写了一篇短文《为胡适说几句话》，我连"先生"二字都没有勇气加上，可是还有人劝我以不发表为宜。文章终于发表了，反应还差强人意，至少没有人来追查我，我心里一块石头落了地。最近几年来，改革开放之风吹绿了中华大地，知识分子的心态有了明显的转变，身上的枷锁除掉了，原罪之感也消逝了。被泼在身上的污泥浊水逐渐清除了，再也用不着天天夹着尾巴过日子了。这种思想感情上的解放，大大地提高了他们的积极性，愿意为祖国的繁荣富强贡献自己的力量。出版界也奋起直追，出版了几部《胡适文集》。安徽教育出版社雄心最强，准备出版一部超过两千万字的《胡适全集》。我可是万万没有想到，主编这一非常重要的职位，出版社竟垂青于我。我本不是胡适研究专家，我诚惶诚恐，力辞不敢应允。但是出版社却说，现在北大曾经同适之先生共过事而过从又比较频繁的人，只剩下我一个人了。铁证如山，我只能"仰"（不是"俯"）允了。我也想以此报知遇之恩于万一。我写了一篇长达一万七千字的总序，副标题是：还胡适以本来面目。意思也不过是想拨乱反正，以正视听而已。前不久，又有人邀我在《学林往事》中写一篇关于适之先生的文章，理由同前，我也应允而且从台湾回来后抱病写完。这一篇文章的副标题是：毕竟一书生。原因是，前一个副标题说得太满，我哪里有能力还适之先生以本来面目呢？后一个副标题是说我对适之先生的看法，是比较实事求是的。

我在上面谈了一些琐事和非琐事，俱往矣，只留下了一些可贵的记忆。我可真是万万没有想到，到了望九之年，居然还能来到宝岛，这是以前连想都没敢想的事。到了台北以后，才发现，五十年前在北平结识的老朋友，比如梁实秋、袁同礼、傅斯年、毛子水、姚从吾等，全已作古。我真是"访旧半为鬼，惊呼热中肠"了。天地之悠悠是自然规律，是人力所无法抗御的。

我现在站在适之先生墓前，心中浮想联翩，上下五十年，纵横数千里，往事如云如烟，又历历如在目前。中国古代有俞伯牙在钟子期墓前摔琴的故事，又有许多在挚友墓前焚稿的故事。按照这个旧理，我应当把我那新出齐了的《文集》搬到适之先生墓前焚掉，算是向他汇报我毕生科学研究的成果。但是，我此时虽思绪混乱，但神智还是清楚的，我没有这样做。我环顾陵园，只见石阶整洁，盘旋而上，陵墓极雄伟，上覆巨石，墓志铭为毛子水亲笔书写，墓后石墙上嵌有"德艺双隆"四个大字，连同墓志铭，都金光闪闪，炫人双目。我站在那里，蓦抬头，适之先生那有魅力的典型的"我的朋友"式的笑容，突然显现在眼前，五十年依稀缩为一刹那，历史仿佛没有移动。但是，一定神儿，忽然想到自己的年龄，历史毕竟是动了，可我一点也没有颓唐之感。我现在大有"老骥伏枥，志在万里"之感。我相信，有朝一日，我还会有机会重来宝岛，再一次站在适之先生的墓前。

1999 年 5 月 2 日写毕

## 后记

文章写完了。但是对开头处所写的 1948 年 12 月在孑民堂庆祝北大建校五十周年一事，脑袋里终究还有点疑惑。我对自己的记忆能力是颇有一点自信的；但是说它是"铁证如山"，我还没有这个胆量。怎么办呢？查书，我的日记在"文革"中被抄家时丢了几本，无巧不成书，丢的日记中正巧有 1948 年的。于是又托高鸿查胡适日记，没能查到。但是，从当时报纸上的记载中得知胡适于 12 月 15 日已离开北平，到了南京，并于 17 日在南京举行北大校庆五十周年庆祝典礼，发言时"泣不成声"云云。可见我的回忆是错了。又一个怎么办呢？一是改写，二是保留不变。经过考虑，我采用了后者。原因何在呢？我认为，已经发生过的事情是一个现实，我脑筋里的回忆也是一个现实，一个存在形式不同的现实。既然我有这样一段回忆，必然是因为我认为，如果适之先生当时在北平，一定会有我回忆的那种情况，因此我才决定保留原文，不加更动。但那毕竟不是事实，所以写了这一段"后记"，以正视听。

1999 年 5 月 14 日

# 悼念钟敬文先生

昨天早晨，突然听说，钟敬文先生走了。我非常哀痛，但是并不震惊。钟老身患绝症，住院已半年多，我们早有思想准备。但是听说，钟老在病房中一向精神极好，关心国事、校事，关心自己十二名研究生的学业，关心老朋友的情况。我心中暗暗地期望，他能闯过百岁大关，把病魔闯个落花流水，闯向茶寿，为我们老知识分子创造一个奇迹。然而，事实证明，我的期望落了空。岂不大可哀哉！

钟老长我八岁，如果在学坛上论资排辈的话，他是我的前辈。想让我说出认识钟老的过程，开始阶段有点难说。我在读大学的时候，他已经在民俗学的研究上颇有名气。虽然由于行当不同，没有读过他的书，但是大名却已是久仰了。这时是我认识他，他并不认识我。此后，从 20 世纪 30 年代一直到 90 年代六十来年的漫长的时期内，我们各走各的路，每个人都有自己的一亩三分地，都在勤恳地耕耘着，不相闻问，事实上也没有互相闻问的因缘。除了大概是在20世纪50年代他有什么事到北大外文楼系主任办公室找过我一次之外，再无音讯。

1957年那一场政治大风暴，来势迅猛，钟老也没有能逃过。我一直到现在也不明白，像钟老这样谨言慎行的人，从来不胡说八道，怎样竟也不能逃脱"阳谋"的圈套，堕入陷阱中。自我们相交以来，他对此事没有说过半句抱怨的话，使我在心中暗暗地钦佩。我一向认为，中国知识分子，由几千年历史环境所决定，爱国成性。祖国是我们的母亲，不管受到多么不公平的待遇，母亲总是母亲，我们总是无怨无悔，爱国如故。我觉得，这是中国知识分子最可宝贵的品质，一直到今天，不但没有失去其意义，而且更应当发扬光大。在这方面，钟老是我们的表率。

为什么钟老对我产生了兴趣呢？我有点说不清楚。这大概同我的研究工作有关。我曾用了数年之力翻译了印度两大史诗之一的《罗摩衍那》，也曾对几个民间故事和几种民间习俗，从影响研究的角度上追踪其发展、传播和演变的过程。钟老是民俗学家，所以就发生了兴趣。他曾让我到北师大做过一次有关《罗摩衍那》的学术报告。他也曾让我复印我几篇关于民间故事传播过程的论文。做什么用，我不清楚。对于比较文学，我是浅尝辄止，没有深入钻研。但是，我却倾向于法国学派的影响研究。这种研究摸得着、看得清，是踏踏实实的学问。不像美国学派提倡的平行研究，恍兮惚兮，给许多不学无术之辈提供了藏身洞。钟老可能是倾向于影响研究的，否则他不会复印我

季美林先生书法作品《浣溪沙（苏轼作）》

的论文。

不管怎样，这样一来，我们就成了朋友，而且是忠诚真挚的朋友。陈寅恪先生《王观堂先生挽词》中说"风义平生师友间"。我同钟老的关系颇有类似之处，我对他尊敬如师长。他为人正直宽厚，蔼然仁者，每次晤对，如坐春风。由于钟老的缘故，我对北师大的事情也积极起来。每次有会，招之即来，来之必说。主要原因是想见上钟老一面。一面之晤，让我像充了电一般，回校后久久兴奋不已，读书写作更加勤奋。我常常自己想，像钟老这样的老人，忠贞爱国，毕生不贰；百岁敬业，举世无双。他是我们中国知识分子的优秀代表，又是我们学习的楷模。中国人民是永远不会忘记他的。

去年，2001 年，是我的九十岁生日。一些机关、团体和个人变着花样为我祝寿。我常常自嘲是"祝寿专业户"。每次祝寿活动，我总忘不了钟老，只要有借口，我必设法请他参加，他也是每请必到。至于他自己却缺少官样的借口来祝寿，米寿已过，九十也被他甩在后面，离开白寿（九十九岁）最近，可也还有一些距离。去年年初，我们想了一个主意，把接近九十或九十以上的老朋友六七位邀请到一起，来一个联合祝寿，林庚、侯仁之、张岱年等都参加了。大家都不会忘记钟老，钟老也来参加了。大家尽欢而散，成为一次难能可贵的盛会。可是走出勺园七号楼的大门时，我看到大红布标仍然写着"庆祝季羡林先生九十华诞"，我心中十分愧怍。9 月 29 日，我又以给钟老祝寿的名义，在勺园举办了一次有将近二百人参加的大会，群贤毕至，发言热烈。

去年下半年，钟老因病住院，我曾几次心血来潮，要到医院里去看他。但是，他正在医生的严密的"控制"下，不许会见老朋友，怕他兴奋激动。到了今年年初，我也因病进了医院，也处在大夫的严密"控制"下。可我还梦想，在预定本月中旬中央几个机构为钟老庆祝百岁华诞时说不定能见他一面。然而他却匆匆忙忙地不辞而别，我见他一面的梦想永远化为幻影了。现在他的面影时时在我眼前晃动，然而面影毕竟代替不了真正的面孔，而真正的面孔却永远一去不复返了，奈之何哉！奈之何哉！

写这篇短文，几次泫然泪下。回想同钟老几年的交往，"许我忘年为气类，北海今知有刘备。"而今而后，哪里再找这样的人啊！茫茫苍天，此恨曷极！

2002 年 2 月 12 日

# 追忆李长之

稍微了解我的交友情况的人，恐怕都会有一个疑问：季羡林是颇重感情的人，他对逝去的师友几乎都写了纪念文章，为什么对李长之独付阙如呢？

这疑问提得正确，正击中了要害。我自己也有这个疑问的。原因究竟何在呢？我只能说，原因不在长之本人，而在另一位清华同学。事情不能说是小事一端，但也无关世界大局和民族兴亡，我就不再说它了。

长之是我一生中最早的朋友。认识他时，我只有八九岁，地方是济南一师附小。我刚从私塾转入新式小学，终日嬉戏，并不念书，也不关心别人是否念书。因此对长之的成绩如何也是始终不知道的，也根本没有想知道的念头。小学生在一起玩，是常见的现象，至于三好两歹成为朋友，则颇为少见。我同长之在一师附小的情况就是这样，我不记得同他有什么亲密的往来。

当时的一师校长是王视晨先生，是有名的新派人物，最先接受了"五四"的影响，语文改文言为白话。课本中有一课是举世皆知的"阿拉伯的骆驼"。我的叔父平常是不大关心我的教科书的。无巧不成书，这一个"阿拉伯的骆驼"竟偶然被他看到了。看了以后，他大为惊诧，高呼："骆驼怎么能说话呢？荒唐！荒唐！转学！转学！"

　　于是我立刻就转了学，从一师附小转到新育小学（后改称三合街小学）。报名口试时，老师出了一个"骡"字，我认识了，而与我同去的大我两岁的彭四哥不认识。我被分派插入高小一年级，彭四哥入初小三年级：区区一个"骡"字为我争取了一年。这也可以算是一个逸事吧。

　　我在新育小学，不是一个用功的学生，不爱念书，专好打架。后来有人讲我性格内向，我自己也认为是这样；但在当时，我大概很不内向，而是颇为外向的，打架就是一个证明。我是怎样转为内向的呢？这问题过去从未考虑过，大概同我所处的家庭环境有关吧。反正我当时是不大念书的。每天下午下课以后，就躲到附近工地堆砖的一个角落里，大看而特看旧武侠小说，什么《彭公案》《施公案》《济公传》《东周列国志》《封神演义》《说岳》《说唐》等。《彭公案》我看到四十几续，越续越荒唐，我却乐此不疲。不认识的字当然很多。秋妹和我常开玩笑，问不认识的字是用筷子夹呢，还是用笤帚扫；前者表示不多，后者则表示极多，我大概是用笤帚扫的时候居多吧。读旧小说，叔父称之为"看闲书"，是为他深恶而痛绝的。我看了几年闲书却觉得收获极大。我以后写文章，思路和文笔都似乎比较通畅，与看闲书不无关联。我痛感今天的青年闲书看得不够。是不是看闲书有百利而无一弊呢？也不能这样说，比如我想练"铁砂掌"之类的笑话，就与看闲书有关。但我认为，那究竟是些鸡毛蒜皮的事，用不着大张挞伐的。

看闲书当然会影响上正课。当时已经实行了学年学期末考试张榜的制度。我的名次总盘旋在甲等三四名，乙等一二名之间，从来没有拿到过甲等第一名。我似乎也毫无追求这种状元的野心，对名次一笑置之，我行我素，闲书照看不误。

我一转学，就同长之分了手，一分就是六年。新育毕业后，按常理说，我应该投考当时大名鼎鼎的济南一中的。但我幼无大志，自知是一个上不得台盘的人，我连报名的勇气都没有，只是凑合着报考了与"烂育英"相提并论的"破正谊"。但我的水平，特别是英语水平，恐怕确实高于一般招考正谊中学的学生，因此，我入的不是一年级，而是一年半级，讨了半年的便宜。以后事实证明，这半年是"狗咬尿泡一场空"，一点儿用处也没有。至于长之，他入的当然是一中。一中毕业以后，他好像是没有入山大附中，而是考入齐鲁大学附中，从那里又考入北京大学预科。但在北大预科毕业后，却不入北大，而是考入清华大学。我自己呢，正谊毕业以后，念了半年正谊高中。山大附设高中成立后，我转到那里去念书。念了两年，日寇占领了济南，停学一年，1929年，山东省立济南高中成立，我转到那里，1930年毕业，考入清华大学。于是，在分别六年之后，我同长之又在清华园会面了。

长之最初入的是生物系，看来是走错了路。我有一次到他屋里去，看到墙上贴着一张图，是他自己画的细胞图之类的东西，上面有教员改正的许多地方，改得花里胡哨。长之认为，细胞不应该这样排列，这样不美。他根据自己的审美观加以改变，当然就与大自然有违。这样的人能学自然科学吗？于是他转入了哲学系。又有一次我走到他屋里，又看到墙上贴着一张法文试卷。上面法文教员华兰德老小姐用红笔改得满篇红色，熠熠闪着红光。这一次，长之没有说，法文不应该这样结构，只是苦笑不已，大概是觉得自己的错误已经打破了世界纪录了吧。从这两个小例子上，完全可以看出，长之是有天才的人，思想极为活跃，但不受任何方面的绳墨的约束。这样的人，做思想家可能有大成就，做语言学家或自然科学家则只能有大失败。长之的一生证明了这一点。

我同长之往来是很自然的。但是，不知道是怎样一来，我们同中文系的吴组缃和林庚也成了朋友，经常会面，原因大概是我们都喜欢文学，都喜欢舞笔弄墨。当时并没有什么"清华四剑客"之类的名称，可我们毫无意识地结成了一个团伙，则确是事实。我们会面，高谈阔论，说话则是尽量夸大，尽量偏激，"挥斥方遒"，粪土许多当时的文学家。有一天，茅盾的《子夜》刚出版不久，在中国文坛上引起了极大的震动。我们四人当然不会无动于衷，就聚集在工字厅后面的一间大厅里，屋内光线不好，有点阴暗。但窗外荷塘里却是红荷映日，翠盖蔽天，绿柳垂烟，鸣蝉噪夏，一片暑天风光。我们四人各抒己见，有的赞美，有的褒贬，前者以组缃为代表，后者的代表是我，一直争到室内渐渐地暗了下来，已经到了吃晚饭的时候了，我们方才鸣金收兵。遥想当年的鹅湖大会，盛况也不过如此吧。

由于我们都是"文学青年"，又都崇拜当时文坛上的明星，我们都不自觉地拜在郑振铎先生门下，并没有什么形式，只是旁听过他在清华讲"中国文学史"的课，又各出大洋三元订购了他的《插图本中国文学史》。郑先生是名作家兼学者，但是丝毫没有当时的教授架子，同我谈话随便，笑容满面，我们结成了忘年交，终生未变。我们曾到他燕京大学的住宅去拜访过他，对他那藏书插架之丰富，狠狠地羡慕了一番。他同巴金、靳以主编了《文学季刊》，一时洛阳纸贵。我们的名字赫然印在封面上，有的是编委，有的是特约撰稿人。虚荣心恐怕是人人有之的。我们这几个二十岁刚出头的毛头小伙子，心里有点飘飘然，不是很自然的吗？有一年暑假，我同长之同回济南，他在家中宴请老舍，邀我作陪，这是我认识老舍先生之始，以后也成为了好朋友。

我同长之还崇拜另一位教授，北京大学德文系主任、清华大学兼任教授杨丙辰先生。他也是冯至先生的老师，早年在德国留过学，没拿什么学位，翻译过德国一些古典名著，其他没有什么著作。他在北京许多大学兼课，每月收入大洋一千余元，当时是一个很大的数目。他有一位年轻貌美的夫人，以捧京剧男角为主要业务。他则以每天到中山公园闲坐喝茶为主要活动。

夫妇感情极好，没有儿女。杨先生的思想极为复杂，中心信仰是"四大皆空"。因此教书比较随便，每个学生皆给高分。有一天，他拿给长之和我一本德文讲文艺理论的书，书名中有一个德文字：Literatur Wissenschaft，意思是"文艺科学"。长之和我都觉得此字极为奇妙，玄机无穷，我们简直想跪下膜拜。我们俩谁也没有弄明白，葫芦里究竟卖的是什么药。后来我到了德国，才知道这是一个非常一般的字，一点玄妙也没有。长之却写文章，大肆吹捧杨先生，称他为"我们的导师"。长之称他自己的文学批评理论为"感情的批评主义"。我对理论一向不感兴趣，他这"感情的批评主义"是不是指愿意怎么说就怎么说，完全以主观印象为根据，我不得而知，一直到今天，我也是一点儿都不明白。

有一位姓张的中文系同学，同我们都不大来往，与长之来往极密。长之张皇"造名运动"，意思是尽快出名，这位张君也是一个自命"天才"的人，在这方面与长之极为投机。对这种事情，我不置一词，但是他从图书馆借书出来，挖掉书中的藏书票，又用书来垫床腿，我则极为不满，而长之漠然置之，这却引起了我的反感。我认为，这是损人利己的行为，是不道德的。再扩大了，就会形成曹操主义："宁教我负天下人，休教天下人负我。"对一个文明社会来说，是完全要不得的。我是不是故意危言耸听呢？我绝无此意。这位张君，我毕业后又见过一次面，以后就再没有听到过他的消息，不知所终了。

时间已经到了 1935 年。我在清华毕业后，在济南省立高中教过一年国文。这一年考取了清华与德国的交换研究生。我又回到北京办理出国手续，住在清华招待所里。此时长之大概是由于转系的原因还没有毕业。我们天天见面，曾共同到南院去拜见了闻一多先生。这是我第一次拜见一多先生。当然也就是最后一次了。长之还在他主编的天津《益世报》"文艺副刊"上写长文为我送行。又在北海为我饯行，邀集了不少的朋友。我们先在荷花丛中泛舟。虽然正在炎夏，但荷风吹来，身上尚微有凉意，似乎把酷暑已经驱除，而荷香入鼻，更令人心旷神怡。抬头见白塔，塔顶直入晴空，塔影则印在水面上，随波荡漾。祖国风光，实在迷人。我这个即将万里投荒的准游子，一时心潮腾涌，思绪万千。再看到这样的景色不知要等到何年何月了。

我同长之终于分了手。我到德国的前两年，我们还不断有书信往来。他给我寄去了日本学者高楠顺次郎等著的《印度古代哲学宗教史》，还在扉页上写了一封信。二战一起，邮路阻绝。我们彼此不相闻问者长达八九年之久。万里相思，婵娟难共。我在德国经历了战火和饥饿的炼狱，他在祖国饱尝了外寇炮火的残酷。朝不虑夕，生死难卜，各人有各人的一本难念的经。但是，有时候我还会想到长之的。忘记了是哪一年，我从当时在台湾教书的清华校友许振德的一封信中，得知长之的一些情况。他笔耕不辍，著述惊人，每年出几本著作，写多篇论文。著作中最引人瞩目的是《鲁迅批判》，鲁迅个人曾读到此书。当时所谓"批判"就是"评论"的意思，与后来"文革"中所习见者迥异其趣。但是，"可惜小将（也许还有老将）不读书"，这给长之招来了无穷无尽的麻烦与灾难，这是后话，在这里暂且不表了。

1946年夏天，我在离开了祖国十一年之后，终于经过千辛万苦，绕道瑞士、法国、越南、香港等地，又回到祖国的怀抱。当时我热泪盈眶，激动万端，很想跪下来，吻一下祖国的土地。我先在上海见到了克家，在他的榻榻米上睡了若干天。然后又到南京，见到了长之。我们虽已分别十一年，但在当时，我们都还是三十多岁的小伙子，并显不出什么老相。长之在国立编译馆工作，我则是无业游民。我虽已接受了北大的聘约，但尚未上班，当然没有工资。我腰缠一贯也没有，在上海卖了一块从瑞士带回来的欧美茄金表，得到八两黄金，换成法币，一半寄济南家中，一半留着自己吃饭用。住旅馆是没有钱的，晚上就睡在长之的办公桌上，活像一个流浪汉。

就这样，我的生活可以说是不安定不舒服的。确实是这样。但是也有很舒服的一面。我乍回到祖国，觉得什么东西都可爱，都亲切，都温暖。长之的办公桌，白天是要用的。因此，我一起"床"，就必须离开那里。但是，我又没有别的地方可去，只有出门到处漫游，这就给了我一个接近祖国事物和风光的机会。这就是温暖的来源。国立编译馆离开古台城不远。每天我一离开编译馆，就直奔台城。那里绿草如茵，古柳成行，是否还有"十里"长，我说不出。反正是绿叶蔽天，浓荫匝地，"依旧烟笼十里堤"的气势俨然犹在。这里当然是最能令人发思古之幽情的地方，然而我的幽情却发不出，它完全为感激之情所掩。我套用了那一首著名的唐诗，写了两句诗："有情最是台城柳，伴我长昼度寂寥。"可见我心情之一般。附近的诸名胜,比如鸡鸣寺、胭脂井之类,我是每天必到。也曾文思涌动过,想写点什么,但只写了一篇《胭脂井小品序》,有序无文,成了一只断线的风筝了。

长之在星期天当然也陪我出来走走,我们一向是无话不谈的。他向我介绍了国内的情况,特别是国民党的情况。抗战胜利后,国民党派出了很多大员,也有中员和小员,到各地去接收敌伪的财产。他们你争我夺,钩心斗角,闹得一塌糊涂,但每个人的私囊都塞得鼓鼓的。这当然会引起了人民群众的愤怒,一时昏天昏地。长之对我绘声绘形地讲了这些情况,可见他对国民党是不满的。他还常带我到鼓楼附近的一条大街上新华社门外报栏那里去看中共的《新华日报》。这是危险的行动,会有人盯梢照相的。他还偷偷地告诉我,济南一中同学王某是军统特务,对他说话要小心。可见长之政治警惕性是很高的。他是我初入国门的政治指导员,让我了解了很多事情。他还介绍我认识了梁实秋先生。梁先生当时也在国立编译馆工作,他设盛宴,表示为我洗尘。从此我们成了忘年交。梁先生也是名人,却毫无名人架子。我们相处时间虽不长,但是终我们一生都维持着出自内心的友谊。

1946年深秋,我离开了南京,回到上海,乘轮船到达秦皇岛再转乘火车到了阔别十一年多的北京。再过三年,就迎来了解放。此时长之也调来北京师范大学。中国老知识分子,最初都是豪情满怀、逸兴遄飞的,仿佛走的是铺满了鲜花的阳关大道。

但是，不久运动就一个接一个铺天盖地而来，知识分子开始走上了坎坷不平的长满了荆棘的羊肠小道。言必有过，动辄得咎，几乎每个人都被弄得晕头转向，不知所云。但是，中国知识分子的爱国赤诚源远流长、根深蒂固。即使是处在这样的情况下，也几乎没有人心怀不满的。总是深挖自己的灵魂，搜寻自己的缺点，结果是一种中国牌的原罪感压倒了一切。据我看，这并没有产生多少消极的影响，对某一些自高自大的知识分子来说，反倒会有一些好处的。这一些人有意与无意地总觉得高人一等。从新中国成立到20世纪60年代中叶"十年浩劫"前，中国的老知识分子的心态和情况大体上就是这样。

北大一向是政治运动的发源地，学生思想非常活跃。北师大稍有不同，但每次运动也从不迟到。我在上面已经说到，长之从南京调北师大工作，我的另一位从初中就成为朋友的同学张天麟，也调到北师大去工作。无巧不成书，每次运动，他们俩总是首先被冲击的对象，成了有名的"运动员"。张的事情在这里先不谈，只谈长之。我在上面已经说过，他并不赞成国民党。但我听说，不知道是在哪一年，他曾在文章中流露出吹捧法西斯的思想。确否不知。即使是真的，也不过只是书生狂言，也可能与他的个人英雄主义思想有关，当不得真的。最大的罪名恐怕还是他那部《鲁迅批判》。鲁迅几乎已经被尊为圣人，竟敢"批判"他，岂不是太岁头上动土！这有点咎由自取，但也不完全是这样。在莫须有的罪名满天飞的时候，谁碰上谁就倒霉。长之是不碰也得碰的，结果被加冕为"右派"。谁都知道，这一顶帽子无比地沉重，无异于一条紧箍，而且谁都能念紧箍咒。他被剥夺了教书的权利，只在图书室搞资料，成了一个"不可接触者"。反右后，历次政治运动，他都是带头的"运动员"，遭受了不知道多少次的批判。这却不是他笔下的那种"批判"，而是连灵魂带肉体双管齐下的批斗。到了"十年浩劫"，他当然是绝对逃不过的。他受的是什么"待遇"，我不清楚。我自己则是自觉自愿地跳出来的，反对那一位北大的"老佛爷"，在牛棚中饱受痛打与折磨。我们俩都是泥菩萨过江自身难保了。

"四人帮"垮台以后，天日重明，普天同庆。长之终于摘掉了"右派"帽子。虽然仍有一顶"摘帽右派"的帽子无声无影地戴在头上，但他已经感觉到轻松多了。有一天，他到燕园来看我，嘴里说着"我以前真不敢来呀！"这一句话刺痛了我的心，我感到惭愧内疚。我头上并没戴"右派"的帽子，为什么没有去看他呢？我绝不是出于政治上的考虑才不去看他的。我生平最大的缺点——说不定还是优点哩——就是不喜欢串门子。我同吴组缃和林庚同居一园之内，也是十年九不遇地去看看他们。但是长之毕竟与他俩不同。我不能这样一解释就心安理得，我感到不安。长之伸出了他的右手，五个手指已经弯屈僵硬如鸡爪，不能伸直。这意味着什么呢？我说不清。但是，我的泪水却向肚子里直流，我们相对无言了。

这好像是我同长之的最后一次会面。又隔了一段时间，我随对外友协代表团赴印度访问，在那里待的时间比较长。回国以后，听说长之已经去世，我既吃惊又痛苦。以长之的才华，本来还可以写一些比较好的文章共庆升平的。然而竟赍志以没。我们相交七十余年，生不能视其疾，死不能临其丧，我的心能得安宁吗？呜呼！长才未展，命途多舛；未臻耄耋，遽归道山。我还没有能达到"悲欢离合总无情"的水平。我年纪越老，长之入梦的次数越多。我已年届九旬，他还能入梦多少次啊！悲哉！

2001 年 8 月 29 日写毕

# 悼念周一良

最近两个月来，我接连接到老友逝世的噩耗，内心震动，悲从中来。但是，最出我意料的最使我哀痛的还是一良兄的远行。

9月16日中国文化书院在友谊宾馆友谊宫为书院导师庆祝九十华诞和"米"寿举行宴会。一良属于"米"寿的范畴，是寿星老中最年轻的。他虽已乘坐轮椅多年，但在那天的宴会上，虽称不上神采奕奕，却也面色红润，应对自如。我心里想，他还会活上若干年的。就在几天前，在10月20日，任继愈先生宴请香港饶宗颐先生，请一良和我作陪。他因身体不适，未能赴宴，亲笔签了一本书，送给饶先生。饶先生也在自己的画册上签上了名送给他。但在两天后，杨锐想把这一本书送到他家时，他已经离开了人世。多么突然的消息！据说，他是在睡梦中一个人悄没声地走掉的。江淹说："自古皆有死，莫不饮恨而吞声。"一良的逝去，既不饮恨，也不吞声。据老百姓的说法，这是前生修来的。鲁迅先生也说，死大概会有点痛苦的，但一个人一生只能有一次，是会过得去的。一良的死却毫无痛苦，这对我们这些后死者也总算是一种安慰了。

一良小我两岁，在大学时至少应该同学二年的。但是，他当时在燕京读书，我则在清华。我们读的不是一个行当。即使相见，也不会有深交的。可以说，我们俩在大学时期是并不认识的。一直到1946年，我在去国十一年之后回到北平，在北大任教，他当时在清华任教。此时我们所从事的研究工作已经有一部分相同了。因为我在德国读梵文，他在美国也学了梵文。既然有了共同语言，订交自是意中事。我曾在翠花胡同寓舍中发起了一个类似读书会一类的组织，邀请研究领域相同或相近的一些青年学者定期聚会，互通信息，讨论一些大家都有兴趣的学术问题，参加者有一良、翁独健等人。开过几次会，大家都认为有所收获。从此以后，一良同我之间的相互了解加深了，友谊增强了，一直到现在，五十余年间并未减退。

一良出自名门世家，家学渊源，年幼时读书条件好到无法再好的水平。因此，他对中国古典文献，特别是史籍，都有很深的造诣。他曾赴日本和美国留学，熟练掌握英日两国语言，兼又天资聪颖，个人勤奋，最终成为一代学人，良有以也。中年后他专治魏晋南北朝史，旁及敦煌文献、佛教研究，多所创获，巍然大师，海内无出其右者。至于他的学术风格，我可以引汤用彤先生两句话。有一天，汤先生对我说："周一良的文章，有点像陈寅恪先生。"可见锡予先生对他评价之高。在那一段非常

337

时期,他曾同人合编过一部《世界通史》。这恐怕是一部"应制"之作,并非他之所长。但是统观全书,并不落俗人窠臼,也可见他对史学工底之深厚。可惜由于各种各样的原因,他长才未展。他留下的几部专著,绝不能说是已尽其所长,我只能引用唐人诗句"长使英雄泪满襟"了。

一良虽然自称"毕竟一书生",但是据我看,即使他是一个书生,他也是一个有骨气有正义感的书生,绝不是山东土话所称的"孬种"。在"十年浩劫"中,他跳出来反对北大那一位倒行逆施、炙手可热的"老佛爷"。当时北大大权全掌握在"老佛爷"手中,一良的命运可想而知。他同我一样,一跳就跳进了牛棚,我们成了"棚友"。我们住在棚中时,新北大公社的广播经常鬼哭神嚎地喊出了周一良、侯仁之、季羡林的名字,连成了一串,仿佛我们是三位一体似的。有一次,忘记了是批斗什么人,我们三个都是"陪斗"。我们被赶进了原大饭厅台下的一间小屋里,像达摩老祖一样,面壁而立。我忽然听到几声巴掌打脸或脊梁的声音,清脆"悦"耳,是从周一良和侯仁之身上传过来的。我想,下面该轮到我了。我肃穆恭候,然而巴掌竟没有打过来,我顿时颇有"失望"之感。忽听台上一声狮子吼:"把侯仁之、周一良、季羡林押上来!"我们就被两个壮汉反剪双臂押上台去,口号声震天动地。这种阵势我已经经受了多次,已经驾轻就熟,竟不心慌意乱,熟练地自己弯腰低头,坐上了"喷气式"。至于那些野狗狂叫般的批判发言,我却充耳不闻了。这一段十分残酷然而却又十分光荣的回忆,拉近了我同侯仁之和周一良的关系。

一良是十分爱国的。当年他在美国读书时，曾同另一位也是学历史的中国学者共同受到了胡适之先生的器重。据知情人说，在胡先生心目中，一良的地位超过那一位学者。如果他选择移民的道路，拿一个终身教授，搞一个名利双收，真如探囊取物，唾手可得。然而他却选择了回国的道路，至今已五十余年矣。在这长达半个多世纪的时间中，他走过的道路，有时顺顺利利，满地繁花似锦；有时又坎坎坷坷，宛如黑云压城。当他暂时飞黄腾达时，他并不骄矜；当他暂时堕入泥潭时，他也并不哀叹。他始终无怨无悔地爱着我们这个国家。我从没有听到过他发过任何牢骚，说过任何怪话。在这一点上，我虽驽钝，也愿意成为他的"同志"。因此，半个多世纪以来，我们始终维持着可喜的友谊。见面时，握手一谈，双方都感到极大的快慰。然而，一转瞬间，这一切都顿时成了过去。"当时只道是寻常"，我在心里不禁又默诵起这一句我非常喜爱的词。回首前尘，已如海上蓬莱三山，可望而不可即了。

我已经年逾九旬。我在任何方面都是一个胸无大志的人，包括年龄在内，能活到这样高的年龄，极出我意料和计划。世人都认为长寿是福，我也不敢否认。但是，看到比自己年轻的老友一个个先我离去。他们成了被哀悼者，我却成了哀悼者。被哀悼者对哀悼这种事情大概是不知不觉的。我这哀悼者却是一个活生生的人，七情六欲，件件不缺。而我又偏偏是一个极重感情的人，我内心的悲哀实在不足为外人道也。鲁迅笔下那一个小女孩看到的开满了野百合花的地方，是人人都必须到的，问题只在先后。按中国序齿的办法，我在北大教授中虽然还没有达到前三甲的水平，但早已排到了前列。到那个地方去，我是持有优待证的。那个地方早已洒扫庭除，等待我的光临了。我已下定决心，决不抢先使用优待证。但是这种事情能由我自己来决定吗？我想什么都是没有用的，我索性不再去想它，停笔凝望窗外，不久前还是绿盖擎天的荷塘，现在已经是一片惨黄。我想套用英国诗人雪莱的两句诗："如果秋天到了，冬天还会远吗？"闭目凝思，若有所悟。

2001 年 10 月 26 日

# 痛悼克家

克家走了，永远永远地走了。有人认为是意内之事：一个老肺病，能活到九十九岁，才撒手人寰，不能不算是一个奇迹。在这个奇迹中建立首功者是克家夫人郑曼女士。每次提到郑曼，北大教授邓广铭则赞不绝口。他还利用他的相面的本领，说郑曼是什么"南人北相"。除了相面一点我完全不懂外，邓的意见我是完全同意的。

克家和我都是山东人，又都好舞笔弄墨。但是认识比较晚，原因是我在欧洲滞留太久。从1935年到1946年，一去就是十一年。我们不可能有机会认识。但是，却有机会打笔墨官司。在他的诗集《烙印》中，有一首写洋车夫的诗，其中有两句话：

夜深了不回家，

还等什么呢？

这种连三岁孩子都能懂得的道理——无非是想多拉几次，多给家里的老婆孩子带点吃的东西回去。而诗人却浓笔重彩，仿佛手持宝剑追苍蝇，显得有点滑稽而已。因此，我认为这是败笔。

类似这样的笔墨官司向来是难以做结论的。这一场没有结论的官司导致了我同克家成了终身挚友。我去国十一年，1946年夏回到上海，没有地方可住，就睡在克家的榻榻米上。我生平第一次，也是唯一的一次喝醉了酒，地方就在这里，时间是1946年的中秋节。

此时，我已应北京大学任教授之聘。下学期开学前，我无事可做。克家是有工作的，只在空闲的时候带我拜见了几位学术界的老前辈。在上海住够了，卖了一块瑞士表，给家寄了点儿钱，又到南京去看望长之。白天在无情的台城柳下漫游，晚上就睡在长之的办公桌上。六朝胜境，恍如烟云。

到了三秋树删繁就简的时候，我们陆续从上海、南京迁回北平。但是，他住东城赵堂子胡同，我住西郊北京大学，相距大概总有七八十里路。平常日子，除了偶尔在外面参加同一个会，享受片刻的晤谈之乐之外，要相见除非是梦里相逢了。

然而，忘记了是从什么时候起，我们有了一个不言的君子协定：每年旧历元旦，我们必然会从西郊来到东城克家家里，同克家、郑曼等全家共进午餐。

克家天生是诗人，脑中溢满了感情，尤其重视友谊，视朋友逾亲人。好朋友到门，看他那一副手欲舞足欲蹈的样子，真令人心旷神怡。他表里如一，内外通明。你无论如何也不会想到有半句假话会从他的嘴中流出。

就连那不足七八平方米的小客厅，也透露出一些诗人的气质。一进门，就碰到逼人的墨色。三面壁上挂着许多名人的墨迹，郭沫若、冰心、王统照、沈从文等人的都有。这就证明，这客厅真有点像唐代刘禹锡的"陋室"，"谈笑有鸿儒，往来无白丁"，这两句有名的话，也确实能透露出客室男女主人做人的风范。

郑曼这一位女主人，我在上面已经说了一些好话，但是还没有完。她除了身上有那些美德外，根据我的观察，她似乎还有一点特异功能。别人做不到的事她能做到，这不是特异功能又是什么呢？我举一个小例子——种兰花。兰花是长在南方的植物，在北方很难养。我事前也并不知道郑曼养兰花。有一天，我坐在"陋室"中，在不经意中，忽然感到有几缕兰花的香气流入鼻中。鼻管里没有多大地方，容不下多少香气。人一离开赵堂子胡同，香气就随之渐减。到了车子转进燕园深处后湖十里荷香中时，鼻管里已经恍兮惚兮，但是其中有物无物却不知道了。

明眼人一看就知道，上面的说法，或者毋宁说是幻想，是没有人会认真付诸实践的。既然不能去实行，想这些劳什子干吗？这就如镜中月、水中花，聊以自怡悦而已。

写到这里我偶然想到克家的两句诗，大意是：有的人在活着，其实已经死了。有的人死了，其实还在活着。

克家属于后者，他永远永远地活着。

2004 年 10 月 22 日